deep water

deep water

profondeurs des eaux

aguas profundas

deep water

deep water

profondeurs des eaux

aguas profundas

water

julian caldecott and melanie salmon

● ● ● ellipsis

living earth foundation

We work with people who understand the real needs and problems of their communities. We don't preach solutions to problems; we help people to understand issues and reach their own resolution.

Living Earth was established in 1987 as a UK-registered charity. Since then, we have welcomed more than 25,000 schools, 50 major companies, ten national governments and numerous key international organisations into working partnerships.

A cornerstone of Living Earth's philosophy is that everyone is capable of bringing about change. In Africa, South America, Eastern Europe and the UK, Living Earth has spread that refreshingly positive message – a message of empowerment, drawing on people's full potential.

Living Earth works through direct, practical, hands-on education and grass roots action. It aims to empower people to resolve local environmental and human development issues, in ways that benefit the community at large.

Deep Water is a celebration of life in and around the world's oceans. We hope that it will encourage people to pause and reflect on their own relationship not only to the marine environment but to the whole of our Living Earth.

Living Earth
4 Great James Street
London WC1N 3DA, UK
Tel: +44 (0)171 242 3816
Fax: +44 (0)171 242 3817
e-mail livearth@gn.apc.org
http://www.gn.apc.org/Living Earth

Nous travaillons avec des personnes qui connaissent les besoins et les problèmes de leurs communautés. Nous n'apportons pas de solutions toutes faites: nous aidons les populations locales à comprendre leurs problèmes et à trouver leurs propres solutions.

Living Earth est une association caritative agrée par le Royaume Uni. Depuis sa fondation en 1987, nous travaillons en collaboration avec plus de 25,000 écoles, 50 entreprises de taille importante, dix gouvernements nationaux et un nombre considérable d'organismes internationaux.

Un des points essentiels de la philosophie de Living Earth est d'amener chacun de ses membres à prendre conscience des changements qu'il est en mesure d'apporter. En Afrique, en Amérique du Sud, en Europe de l'Est ainsi qu'au Royaume Uni, Living Earth a répandu ce message novateur et optimiste qui renforce et développe pleinement le potentiel humain.

Living Earth opère d'une façon directe et pratique grâce à des programmes d'éducation sur le terrain et des opérations qui envisagent les problèmes à leur base. Son but est de permettre aux communautés de résoudre leurs problèmes spécifiques d'environnement ainsi que ceux du développement humain, de manière à bénéficier à la communauté dans son ensemble.

Profondeurs des eaux fait l'éloge de la vie tant dans les profondeurs des océans que sur les côtes. Nous espérons que cet ouvrage permettra une réflexion sur notre relation avec l'environnement marin, mais aussi avec l'ensemble de notre terre.

Nosotros trabajamos con gente que entiende las necesidades y problemas reales de las comunidades. No damos soluciones a sus problemas, ayudamos a la comunidad a entender sus problemas y a buscar sus propias soluciones.

Living Earth se estableció en 1987 como una organización sin ánimo de lucro legalmente constituída en el Reino Unido. Desde entonces hemos atendido más de 25000 escuelas, 50 grandes compañías, 10 gobiernos nacionales y numerosas organizaciones internacionales claves para trabajar en conjunto.

Una piedra angular de la filosofía de Living Earth, es que cada individuo sea capaz de producir cambios. En África, Sudamérica, Europa oriental y en el Reino Unido, Living Earth ha promovido este estimulante y positivo mensaje – un mensaje que fortalece y desarrolla el potencial humano en su totalidad.

Living Earth trabaja directamente con la base del futuro, la educación a través de experiencias prácticas. Su objetivo es preparar a la comunidad para resolver los problemas locales del medio ambiente y del desarrollo humano, de forma que beneficie a la comunidad en su conjunto.

Aguas Profundas es una celebración de la vida en y en torno a los océanos del mundo. Esperamos que estimule a la gente a detenerse y reflexionar sobre su relación, no sólo con el medio ambiente marino, sino con la totalidad de nuestra vida en la tierra.

contents

UNEP

united nations environment programme

klaus töpfer, executive director

Oceans and seas cover seven-tenths of the Earth's surface and form an active component of our global biosphere. Because of their size and the vast quantities of water they contain, the world's oceans have long been regarded as having an almost infinite capacity to absorb waste. Today, about 60 per cent of humanity lives within 60 kilometres of the coast. And this is expected to rise to 75 per cent within the next three decades. This increase has created unfortunate environmental impacts. Natural habitats are being lost through reclamation for urban and industrial development. Near-shore waters are being threatened by industrial waste. Contamination of beaches threatens public health and seafood. Plastic litter accumulates on the coastlines. Some of the waste products of coastal development, augmented by discharges through rivers spread out to the oceans, are carried by the atmosphere and currents.

The visible prints of humanity are everywhere. We have now realised that this immense sector of our environment – the ocean – is dynamic and interactive in nature.

The Haida people of Canada's Pacific coast have a saying that brings out the challenge of protecting our natural heritage very vividly. They challenge us to turn the telescope around with the saying: 'We do not inherit the land from our forefathers, we borrow it from our children.' If all of us approached issues from this perspective, we could take a firm step back from the ecological brink and breathe easier while our oceans and seas renew their resources.

PO Box 30552
Nairobi, Kenya
Tel: +254 2 621234
Fax: +254 2 623927
E-mail: cpa.info@unep.org
Web site: www.unep.org

Les océans et les mers couvrent 70 pour cent de la surface de la terre. Ensemble, ils forment une composante active de notre biosphère. Etant donné leur taille et la quantité d'eau qu'ils contiennent, on considère depuis longtemps les océans comme capables d'absorber une quantité infinie de déchets. Aujourd'hui, 60 pour cent de la population humaine vit dans les régions littorales. On prédit que ce chiffre va passer à 75 pour cent dans les trente prochaines années. Cette augmentation a des conséquences néfastes sur l'environnement. Les habitats naturels disparaissent sous l'emprise du développement urbain et industriel. Les déchets industriels menacent les eaux littorales. La pollution des plages constitue un danger tant pour la santé publique que pour les coquillages. Le détritus en plastique s'amoncellent sur les côtes. Les déchets produits par l'aménagement du littoral ajoutés à ceux qui dérivent au fil des rivières et se déversent dans l'océan, sont transportés par les courants marins et l'atmosphère.

La trace du passage de l'homme est présente partout. Nous sommes conscients que cette immense partie de notre environnement, que l'on appelle océan, est de nature dynamique et interactive.

Le peuple Haida, qui vit sur la côte pacifique du Canada, a un proverbe qui d'une manière frappante nous met au défi de protéger notre héritage naturel et nous incite à changer notre perspective: 'Nous n'héritons pas de la terre de nos ancêtres; nous l'empruntons à nos enfants'. Si chacun de nous abordait la question sous cet angle, nous reculerions d'un pas de géant la limite du précipice écologique; ainsi nous pourrions mieux respirer, et nos océans et nos mers seraient capables de renouveler leurs ressources.

Mares y océanos cubren siete décimos de la superficie de la tierra y constituyen un componente activo de nuestra biosfera global. Debido a su tamaño y a la cantidad de agua que contienen, los océanos del mundo han sido siempre considerados capaces de absorber una cantidad infinita de desechos. Hoy en día, cerca del 60 por ciento de la humanidad vive dentro de un radio no mayor a los 60 kilómetros de la costa y se espera aumente a 75 por ciento en las tres próximas décadas. Este crecimiento ha generado impactos ambientales perjudiciales. Los hábitats naturales están desapareciendo a través de la reclamación de tierras para uso urbano e industrial. Las regiones del litoral están amenazadas por los desechos industriales. La contaminación de las playas amenaza la salud pública y los mariscos. Los desperdicios plásticos se acumulan en la costa. Algunos de los desechos producidos por el desarrollo costero e incrementados por las descargas residuales de ríos, se difunden en los océanos y son llevados por la atmósfera y corrientes.

Las huellas visibles de la humanidad se encuentran por doquier. Nos hemos dado cuenta ahora, que este inmenso sector de nuestro medio ambiente – el océano – es dinámico e interactivo por naturaleza.

El pueblo Haida en la costa del Pacífico de Canadá tiene un proverbio que hace resaltar muy vívidamente el desafío de proteger nuestra herencia natural y nos obliga a reenfocar el problema: 'No heredamos la tierra de nuestros antepasados, la recibimos en préstamo de nuestros hijos'. Si todos nosotros abordáramos los problemas bajo esa perspectiva podríamos tomar medidas para evitar el desastre ecológico y respirar con alivio mientras los océanos y mares renuevan sus recursos.

global ocean

Global Ocean is part of a team of environmental organisations and individuals committed to the preservation of marine life. Global Ocean's aims are to minimise pollution, support sustainable resource-management plans, protect endangered marine species, facilitate the exchange of information between scientists, coastal communities and conservationists, and to inform people about the oceans.

Global Ocean sponsored this book to bring awareness of marine life to people all over the world – to encourage each and every one of us to protect and love her with wisdom and respect.

We have come a long way from our primitive ocean origins but it is time to acknowledge our roots while looking to the future. Many of us are still in darkness. The road forward must be lit with clear vision – a species lost can never return and we cannot ask the unborn generations to pay such a price.

In small ways and in large, in the food we eat, in the power we use, and in the daily choices we make that affect our future, we must shun current attitudes which are often based on mankind's self-interest. Global Ocean, which is committed to ecological enlightenment through education, prays that humankind will rise to become loving stewards of a beautiful Earth.

11 Chalcot Road
London NW1 8LH
Tel/fax: +44 171 736 9244
E-mail: director@globalocean.co.uk
Website: www.globalocean.co.uk

Global Ocean fait partie d'un groupe d'organisations et d'individus engagés dans la protection de la vie marine. Son objectif est de réduire la pollution, soutenir des projets viables de gestion des ressources, protéger les espèces marines menacées de disparition et faciliter la communication entre les scientifiques, les communautés littorales et les défenseurs de l'environnement, tout en informant la population sur la vie des océans.

Global Ocean a participé au financement de cet ouvrage afin de permettre au monde entier de prendre conscience de l'écosystème marin et d'encourager chacun d'entre nous à le protéger et le respecter.

Nos origines marines remontent à loin, mais il est temps de les reconnaître, tout en envisageant l'avenir. Nombre d'entre nous n'en a pas encore pris conscience. Une vision à long terme s'impose: une espèce disparue l'est à tout jamais et nous n'avons aucun droit d'imposer un tel prix aux générations à venir.

Dans nos actes quotidiens et de manière générale, nous agissons sur notre avenir: que ce soit par les aliments que nous mangeons, l'énergie que nous consommons, ou les choix quotidiens que nous faisons. C'est la raison pour laquelle nous devons changer notre comportement actuel fondé sur un seul d'intérêt: celui de l'homme. La mission de Global Ocean est d'encourager une prise de conscience concernant l'enjeu écologique grâce, entre autres, à des actions éducatives. Elle espère que l'humanité servira avec amour notre terre merveilleuse.

Global Ocean es parte de un equipo de individuos y organizaciones del medio ambiente comprometidos con la preservación de la vida marina. Los objetivos de Global Ocean son minimizar la contaminación, apoyar los planes de administración de recursos para un desarrollo sostenible, proteger las especies marinas en peligro de extinción, facilitar el intercambio de información entre científicos, comunidades costeras y conservacionistas e informar a la población acerca de los océanos.

Global Ocean patrocina este libro para despertar conciencia de la vida marina en la población del mundo entero – estimular a cada uno de nosotros a protegerla y amarla con sabiduría y respeto.

Hemos recorrido mucho desde los orígenes de nuestros océanos primitivos, pero ya es tiempo de reconocer nuestras raíces mirando al mismo tiempo hacia el futuro. Muchos de nosotros estamos aún en la oscuridad. El camino hacia delante debe estar alumbrado con una visión muy clara – una especie perdida no se puede recuperar y no podemos pedir a las generaciones futuras pagar tal precio.

En las pequeñas cosas y también en las grandes, en la comida que comemos, en la energía que usamos y en las elecciones que hacemos a diario, debemos evitar las actitudes actuales que a menudo están basadas sólo en el interés de la humanidad. Global Ocean, comprometido con el conocimiento de la ecología a través de la educación, desea que la humanidad se eleve al nivel de apasionados administradores de una hermosa tierra.

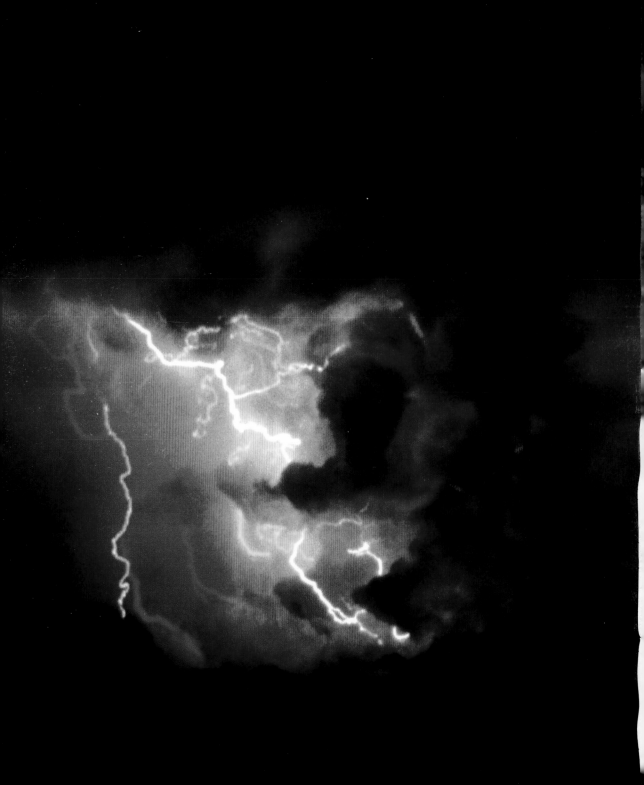

in the beginning

in the beginning

- Eruption of Nyamulagira, Virunga National Park, Congo
- Eruption du Nyamulagira, parc national de Virunga au Congo
- Erupción del volcán Nyamulagira, Parque nacional Virunga, Congo

It is easy to think of the world as a pattern of land with emptiness in between. In fact, two-thirds of the globe's surface is water, and there is life in every drop. We came from it. It can swallow or create whole continents. Our future depends on it. It is called the ocean.

For the first few hundred million years, water was boiling off the Earth, transferring heat into the atmosphere, condensing and then being dragged back by gravity. Since the planet was steadily cooling and the Sun was very far away, the absolute cold of space became a great danger. For the seas to stay liquid, the Sun's energy had to be trapped. The ocean met this challenge, about 4500 million years ago, with the creation of life.

No one can be sure how life began. One prevalent idea is that the seas dissolved and concentrated so many different chemicals from the Earth's rocks that they became a stormy soup, each component fighting for ingredients until the most efficient developed cell walls and, consequently, became the first micro-organisms.

Once begun, life poured waste gases into the young atmosphere, adding to the exotic mixture that was there already. Some of these molecules were transparent to short-wavelength light arriving from the Sun, but absorbed long-wavelength heat radiated from the Earth. They blocked the heat before it could leave the atmosphere, trapping and magnifying it, warming the Earth like a greenhouse. Insulated in this way, the watery chemistry of life could develop.

Il serait trop simple d'imaginer le monde comme un arrangement de terres séparées par des espaces vides. En réalité, deux tiers de la surface du globe sont composés d'eau dont chaque goutte renferme un élément de vie. Là est notre origine. Cette étendue peut engloutir comme donner naissance à des continents entiers. Notre avenir dépend de cet élément qu'est l'océan.

Durant les premières centaines de millions d'années, l'eau bouillonnait à la surface de la terre, dégageant de la chaleur dans l'atmosphère puis elle se condensait et retombait sous l'effet de la pesanteur. Tandis que le soleil s'éloignait, la terre commença à se refroidir: le froid glacial de l'atmosphère menaça de devenir un grand danger. Pour que les mers restent fluides, il fallait capturer l'énergie du soleil. Il y a environ 4500 ans, l'océan est parvenu à remporter ce défi en créant la vie.

On ne connaît pas l'origine de la vie. La théorie la plus répandue est que les mers se sont dissoutes et que de multiples substances chimiques, issues de la croûte terrestre, se sont concentrées. Ces substances se sont transformées en un brouillard orageux, chacun des composants luttant pour des éléments jusqu'à ce que le plus fort développa des parois cellulaires, créant ainsi le premier micro-organisme.

De ces micro-organismes émanèrent des gaz qui vinrent s'ajouter au mélange déjà présent dans l'atmosphère. Certaines de ces molécules étaient invisibles dans la lumière à ondes courtes du soleil mais absorbaient la chaleur à ondes longues de la terre. La chaleur, ainsi retenue par ces molécules, augmenta, ce qui réchauffa la planète et provoqua un effet de serre. Ce phénomène permit au mélange aqueux de la vie de se développer.

Es fácil imaginar el mundo como una composición de placas terrestres alternadas con vacíos. En realidad, dos tercios de la superficie del globo están cubiertos con agua y hay vida en cada una de sus gotas. Nosotros provenimos de ella. Puede engullir o crear continentes enteros. Nuestro futuro depende de ella. Se llama el océano.

En los primeros cientos de millones de años, el agua bullente se evaporaba transfiriendo calor a la atmósfera, condensándose y después regresando atraída por la gravedad, a la tierra. Desde que el planeta empezó a enfriarse y el sol estaba muy lejos, el frío absoluto del espacio se convirtió en un grave peligro. Para que los mares se mantuvieran en estado líquido, la energía del sol debía ser atrapada. El océano aceptó este desafío, alrededor de 4500 millones de años atrás, con la creación de vida.

Nadie puede estar seguro de cómo empezó la vida. La idea que tiene más seguidores parte de la base que los mares disolvieron y concentraron tantos elementos químicos de las formaciones rocosas terrestres que, en realidad, lo que existía cómo mar era una especie de 'sopa ó caldo biológico'. En este 'caldo biológico', cada elemento sufría una serie de fuerzas de atracción y repulsión, luchando así para conseguir su estructura más estable. El más eficiente estableció enlaces que desarrollaron las paredes celulares, convirtiéndose en el primer microorganismo.

Una vez comenzada, la vida echó los gases sobrantes a la nueva atmósfera, añadiéndose a la exótica mezcla que ya existía allí. Algunas de estas moléculas eran transparentes a la luz de onda corta que llegaba del sol, pero absorbían calor de onda larga emitido por la tierra. Así bloqueaban el calor antes que pudiera abandonar la atmósfera, guardándolo y magnificándolo, calentando la tierra como un invernadero. Protegida de esta manera, la química acuática de la vida se pudo desarrollar.

ocean floor

The planet's surface, far from being static, is extremely mobile. The globe's crust is broken into at least twelve large, rigid plates, which comprise its outer shell. The plates themselves are relatively stable, but their boundaries are zones of intense activity. Here the dynamic interior can break through the thin crust to form ocean ridges such as the Mid-Atlantic Ridge, Mid-Indian Ocean Ridge, and East Pacific Rise, which together form a chain of undersea mountains some 56,000 kilometres (35,000 miles) long. In this way, parts of the ocean floor are growing, at about the same rate as a human fingernail – between 2.5 and 25 centimetres (1 and 10 inches) a year. But not every sea bed can be expanding. In other places, the ocean crust is squeezed back into the Earth's interior, which explains the great trenches such as the Marianas Trench, the deepest place on Earth at 11,000 metres (7 miles) below sea level. When all the crust between converging plates has been swallowed, continents collide and their edges can thrust upwards as mountain ranges. The Himalayas are the youngest mountains to have been formed in this way: they arose about ten million years ago, when the Indian continent drifted north and collided with Asia.

La surface de la planète est particulièrement instable. La croûte terrestre est divisée en un minimum de 12 immenses plateaux rigides qui constituent sa couche extérieure. Ces plateaux sont eux-mêmes relativement stables mais leurs extrémités sont des zones d'activité intense. A ces endroits, la dynamique interne peut former des dorsales médio-océaniques, comme la dorsale médio-atlantique, la dorsale indo-Pacifique et la dorsale est-Pacifique. Cet ensemble forme une chaîne de montagnes sous-marines d'une longueur de 56,000 kilomètres. Certains endroits des fonds océaniques s'écartentà une vitesse de 2,5 à 25 centimètres par an. A d'autres endroits, la croûte océanique s'enfonce sous la croûte terrestre. Ceci explique l'apparition de grandes fosses comme la Fosse des Marianas, l'endroit le plus profond de la terre (à 11,000 mètres de profondeur au dessous du niveau de la mer). Lorsque la croûte entre les plateaux convergents est engloutie, les continents s'entrechoquent, leurs extrémités sont poussées vers le haut, et forment des chaînes de montagnes. L'Himalaya est la montagne la plus jeune qui se soit formée de cette façon ; elle est apparue il y a plus de dix millions d'années, lorsque le continent Indien, qui s'éloignait de l'Antarctique et dérivait vers le nord, entra en collision avec l'Asie.

La superficie del planeta, lejos de ser estática, es extremadamente móvil. La corteza terrestre se compone de, por lo menos, doce grandes placas rígidas, que componen su cubierta exterior. Las placas en sí son relativamente estables, pero sus límites son zonas de intensa actividad. Aquí la dinámica interior puede romper la delgada corteza y formar montañas como la cordillera sumergida del Atlántico, la cordillera sumergida del Océano Índico y la sobreelevación del Pacífico Oriental. Juntas forman una cadena montañosa bajo el mar de 56,000 kilómetros. Así, ciertas partes del fondo del océano crecen a la misma velocidad que las uñas de un humano – entre 2.5 y 25 centímetros al año. Pero no todo el fondo del mar se encuentra en expansión. En otros lugares, la corteza oceánica es presionada hacia el interior de la tierra, lo que explica la existencia de grandes fosas tales como la Trinchera de las Marianas, que es el lugar más profundo de la tierra a 11.000 metros bajo el nivel del mar. Cuando toda la corteza entre placas convergentes ha sido absorbida, los continentes chocan y sus bordes pueden ser empujados hacia arriba en forma de cadenas montañosas. Los Himalayas son las montañas más jovenes creadas de esta manera hace diez millones de años cuando el continente Indio se desplazó hacia el norte, separándose de la Antártida para ir a chocar con Asia.

deep water

ocean floor

- Wave underwater : Lava flow from Puu Oo crater : Earthscape featuring Hawaiian Islands
- Vague sous-marine : Coulée de lave vue du cratère de Puu Oo : Paysage terrestre montrant l'île d'Hawaii
- Ola submarina : Río de lava desde cráter volcánico Puu Oo : Paisaje terrestre de las Islas Hawai

The constant shifting of the Earth's outer shell causes a cycle of volcanic activity, and so creates a rugged deep-water landscape. Where molten rock from beneath the sea floor breaks through the thin crust, lava cools into lakes or squeezes through narrow openings like toothpaste from a tube. Where the crust is forced back into the Earth's interior, deep earthquakes can occur. These may cause sediments at the edges of continental shelves to slide down, gathering speed and increasing in density as they descend. These 'turbidity currents' can travel at 80 kilometres (50 miles) an hour, flattening everything in their path. Seven thousand years ago one such movement, the Storegga slide, west of Norway, hurled chunks of the continental slope 150 kilometres (85 miles) along the sea floor. This vast underwater shift caused a tidal wave which flooded the east coast of Scotland.

In the Pacific Ocean, northwestward movements of the Earth's crust over an abnormally hot zone caused the eruption of a series of volcanic islands known as the Hawaiian chain. The most southeasterly of these, Kilauea, is the youngest and one of the most active volcanoes in the world.

Le mouvement permanent de l'écorle terrestre provoque un cycle d'activité volcanique, créant ainsi un paysage sous-marin aux contours déchiquetés. Aux endroits où la roche en fusion crève la croûte océanique fine, sous le niveau de la mer, la lave se fraye un chemin à travers les ouvertures étroites tel du dentifrice sortant d'un tube, puis se refroidit rapidement au contact de l'eau de mer. Des tremblements de terre violents peuvent alors se produire à l'endroit où la croûte est poussée à l'intérieur de la Terre. Aux extrémités des plateaux continentaux, des sédiments peuvent se former; ils glissent, acquièrent de la vitesse et leur densité s'accroît lors de leur descente. Ces 'courants de turbidité' peuvent se déplacer à 80 kilomètres à l'heure, écrasant tout sur leur passage. Il y a sept cents ans un de ces mouvements, le glissement de Storegga, à l'ouest de la Norvège, poussa le long du lit marin sur une distance de 150 kilomètres des pans entier du versant continental. Cet énorme déplacement sous-marin causa un raz de marée qui inonda la côte est de l'Ecosse.

Dans l'océan pacifique, des mouvements vers le nord-ouest de la croûte océanique, sur une zone dont la température était exceptionnellement haute, entraîna l'éruption d'une série d'îles volcaniques: le chaîne Hawaïenne. Kilauea, la chaîne la plus au sud-est de ces volcans, est le volcan le plus jeune du monde.

Este constante movimiento de la corteza terrestre es la causa de un ciclo de actividad volcánica que genera un paisaje accidentado en las aguas profundas. Donde la roca fundida bajo el fondo del mar, rompe la fina corteza, la lava se enfría en lagos o se introduce a través de estrechas aberturas como la pasta de dientes saliendo del tubo. Cuando la corteza es empujada hacia el interior de la tierra, pueden tener lugar terremotos profundos. Estos a su vez pueden provocar que sedimentos en los bordes de las plataformas continentales, se desprendan ganando velocidad e incrementando su densidad en el descenso. Estas 'corrientes turbias o densas' llegan a viajar a 80 kilómetros por hora aplastando todo lo que encuentran en su paso. Siete mil años atrás, uno de estos movimientos – el desprendimiento Storegga, en el oriente de Noruega, lanzó pedazos de la vertiente continental a 150 kilómetros por hora a lo largo del fondo del mar. Este enorme movimiento en las profundidades del mar provocó un maremoto que inundó la costa de Escocia.

En el Océano Pacífico, movimientos de la corteza terrestre hacia el noroeste en una zona anormalmente cálida, causó la erupción de volcanes de una serie de islas volcánicas conocidas como la cadena Hawaiana. La que está en el extremo suroriente de ellas, Kilauea, es la más joven y uno de los volcanes más activos del mundo.

deep water

ocean floor

Exploring this mountainous underwater realm, we may encounter what look like tall plumes of black smoke billowing from fractures in the ocean floor. Water entering these hydrothermal vents is heated by the furnace-like rocks to 300 degrees centigrade or more. It then shoots out in great jets, cooling rapidly on contact with the surrounding sea. Chemical particles dissolved from the hot rocks build up as brittle chimney-like structures around the vents.

Here unique ecosystems flourish that derive no energy directly from the Sun. Instead, they depend on bacteria that can use sulphurous inorganic chemicals as oxidising agents in their metabolism. For example, the red-plumed tubeworm (*Riftia pachyptila*) lives deep within crevices around hydrothermal vents in the Eastern Pacific. Lacking mouths or guts, these tubeworms obtain nutrition partly from the water through their leaf-like gills, but mostly from an enormous number of bacteria that live on and in them. These bacteria oxidise sulphur and fix carbon to provide food molecules and materials for making the tubes in which the worms live.

Au cours de l'exploration de ce royaume montagneux sous-marin, on aperçoit parfois un immense panache de fumée noire ondulant au sortir des fractures du fond océanique. L'eau, qui s'infiltre autour des sources hydrothermales, est chauffée par la roche en forme de fourneau dont la température s'élève jusqu'à 300 degrés et parfois plus. Le fluide hydrothermal jaillit puis se refroidi au contact de l'eau de mer. Des particules chimiques, résultant de la dissolution de la roche très chaude, s'accumulent et forment des structures fragiles en forme de cheminée autour des évents.

Là se développent des écosystèmes uniques qui ne tirent pas leur énergie du soleil. Ils dépendent de bactéries qui se servent d'éléments chimiques sulfureux inorganiques comme agents oxydants pour le fonctionnement de leur métabolisme. Par exemple, des vers tubicoles avec leur plumeau rouge (*Riftia pachyptila*) vivent au fond de crevasses situées autour des cheminée hydrothemales dans la partie est du Pacifique. Ces vers tubicoles se nourrissent de l'eau qui pénètre dans leurs branchies en forme de plumeau, mais aussi d'un nombre considérable de bactéries vivant tant à l'extérieur qu'à l'intérieur de leur corps. Ces bactéries oxydent le souffre, fixent le carbone, et apportent ainsi les molécules alimentaires et les matériaux nécessaires à la construction des tubes dans lesquels ces vers vivent.

Al explorar este montañoso reino sub-marino, podemos observar densos penachos de humo negro saliendo desde las grietas del fondo océanico. El agua que penetra en estas grietas hidrotermales es calentada por rocas calientes como si de un horno se tratase, a más de 300 grados centígrados, para salir luego disparada en grandes chorros que se enfrían rápidamente en contacto con el mar que les rodea. Partículas de sustancias químicas que se desprenden de las rocas calientes, se concentran en estructuras semejantes a chimeneas quebradizas alrededor de las grietas.

Aquí florecen singulares ecosistemas que no derivan su energía directamente del sol, sino que dependen de bacterias que usan sustancias químicas inorgánicas sulfurosas como agentes oxidantes en su metabolismo. Por ejemplo el poliqueto rojo (*Riftia pachyptila*) vive en las profundidades dentro de las grietas hidrotermales del Pacífico oriental. A falta de boca e intestinos los poliquetos obtienen parte de su nutrición del agua que absorben a través de sus agallas, pero la mayor parte la obtienen de bacterias que viven dentro y alrededor de ellos. Estas bacterias oxidan sulfuro y fijan carbón para proveerse de moléculas alimenticias y de los materiales que forman el tubo dentro del cual viven los poliquetos, en una relación simbiótica típica de las criaturas que viven en las grietas de los ecosistemas.

design for living

- Spiny lobster, Oman : Coleman's shrimp among spines of venomous Fire Urchin : Male humpback whale singing in Hawaii
- Langouste épineuse, Oman : Crevette de Coleman parmi les épines venimeuses d'un oursin de feu : Baleine à bosse mâle chantant dans les eaux d'Hawaii
- Langosta espinosa de Omán : Camarón de Coleman entre las espinas del venenoso erizo de fuego : Ballena jorobada macho cantando en Hawai

A phylum is a basic pattern for a family of life forms. All vertebrates, for example, are a single phylum (the presence of backbones unites whales and people). Most phyla came into being about 500 million years ago during an astonishing outburst of evolutionary creativity known as the Cambrian Explosion. There are at least 33 phyla, 32 of them living in and 15 of them found nowhere else but the ocean. Each phylum represents a way to solve a fundamental engineering problem, such as that of mobility. Members of the arthropod phylum (for example, crabs, shrimps and lobsters) have exoskeletons. Like a vertebrate's endoskeleton, an arthropod's exoskeleton braces the creature's muscles; it also shields soft tissues from the outside world.

Arthropods shed their exoskeletons periodically to allow for growth, and until a new shell has formed, they are very vulnerable to predators. The bones of a vertebrate, by contrast, can grow constantly within the body. This is not to say that our phylum is a better design concept than any other. Each suits different situations. It is worth noting that there are far more arthropods on the planet than there are vertebrates.

Un phylum est la souche primitive d'une famille d'espèces vivantes. Par exemple, tous les vertébrés représent-ent un phylum unique (la colonne vertébrale est un élément commun aux baleines et aux hommes). La plu-part des phyla sont apparus sur terre il y a environ 500 millions d'annees, lors d'une explosion extraordinaire de création évolutionnaire appelée Explosion Cambrienne. Parmi les 33 phyla connus, 32 sont présents dans les océans et parmi ces 32, 15 phyla se trouvent uniquement dans les océans. Chaque phylum représente une façon de résoudre un problème mécanique fondamental comme, par exemple, celui de la mobilité. Les membres du phylum arthropode (crabes, les crevettes et les langoustes) ont des exosquelettes. Tout comme l'endosquelette d'un vertébré, l'ex-osquelette de l'arthropode soutient les muscles de la créature et protège les tissus fragiles du monde extérieur.

Les arthropodes se séparent régulièrement de leur exosquelette pour assurer leur croissance. Jusqu'à ce que leur nouvelle coquille se soit formée, ils sont très vulnérables aux prédateurs. En revanche, les os des vertébrés se développent lentement dans le corps. Ceci ne signifie pas que notre phylum est mieux conçu que les autres: chacun est adapté à des situations différentes. Il faut reconnaitre que le nombre des arthropodes est plus important que celui des vertébrés.

Un Filum es un patrón básico que engloba a toda una familia de formas de vida. Todos los vertebrados, por ejemplo, pertenecen a un solo Filum (la presencia de espina dorsal une ballenas y personas) . La mayor parte de Fila se generó alrededor de 500 millones de años atrás en una explosión extraordinaria de creatividad evolutiva conocida como la Explosión Cambriana. Existen por lo menos 33 Fila, de los cuales 32 viven en el océano – y 15 sólo en el océano. Cada Filum representa una manera de resolver un problema fundamental de ingeniería, tal como el de la movilidad. Miembros del Filum Artrópodo (por ejemplo cangrejos, camarones y langostas) tienen esqueletos externos. De la misma manera que el esqueleto interno de los vertebrados, sujeta los músculos de la criatura y también protege los tejidos suaves del mundo externo.

Los artrópodos cambian periódica-mente sus esqueletos externos para permitir el crecimiento, y hasta que se haya formado una nueva concha o caparazón, quedan expuestos a los depredadores. Por el contrario, los huesos de un vertebrado pueden crecer constantemente dentro del cuerpo. Esto no significa que nuestro Filum esté mejor concebido que los otros. Cada cual se adapta a diferentes situaciones y hay que reconocer que en el planeta hay más artrópodos que vertebrados.

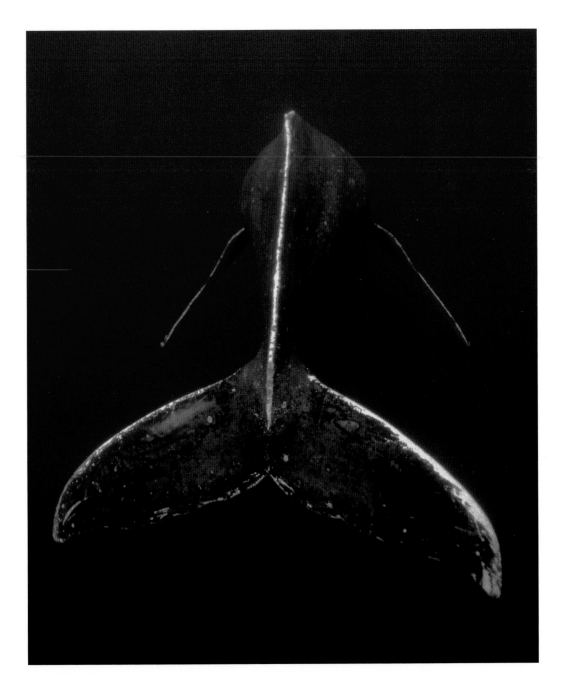

deep water

wonders of
the deep

wonders of the deep

- Swell shark's eye
- Oeil de requin
- Ojo de tiburón espadón

The ocean is a delicate and complex life-support system. Light is essential, yet it can only penetrate the top few hundred metres of the sea which has an average depth of around 3000 metres (2 miles). It is in the top 'euphotic' zone that marine plants, including tiny phytoplankton, transform light into energy by the process of photosynthesis. In turn, phytoplankton support all other marine life, starting with zooplankton, tiny drifting or swimming animals. Zooplankton are eaten directly by a host of animal predators, ranging in size from commensal shrimps, which pick the zooplankton off one by one, to filter feeders like the giant whales, which strain them from the water in vast gulps. At the top of the hierarchy are species that have no need of subtleties: the killer whale, the great barracuda, the aptly named requiem sharks.

Competition has pushed some to develop elaborate tactics. For example, the crown-of-thorns starfish everts its stomach through its mouth to envelop and digest coral polyps. The crocodile needlefish can propel itself right out of the water to spear its prey. The deep-dwelling angler fish, by contrast, dangles a 'fishing rod' from its dorsal fin ray. A light at the end lures prey into waiting jaws.

Yet intimacy and co-operation between life forms are rules rather than exceptions. Groupers open their mouths gladly to cleanerwrasse. Shrimps shelter in fish-eating anemones. Upside-down jellyfish house bacteria in their tentacles in exchange for energy. The diversity is endless and the movement ceaseless.

Everything that dies in the sea is recycled. It may sink and become detritus supporting bottom-dwelling (or benthic) species such as heart-urchins and sea-cucumbers, which forage on the sea-bed. Eventually, the dissolved chemicals will be brought towards the surface by currents and upwellings to provide chemical nutrients for phytoplankton, which are eaten by zooplankton, zooplankton by shrimps – and so the wheel of life keeps turning.

L'océan est un écosystème fragile et complexe. La lumière est essentielle. Cependant, elle ne peut pénétrer que les premières centaines de mètres de la surface de la mer dont la profondeur moyenne est de 3000 mètres. C'est dans la partie supérieure de l'océan que les plantes marines, y compris le minuscule phytoplancton, captent la lumière et la transforment en énergie grâce au processus de photosynthèse. Le phytoplancton nourrit toutes les autres créatures marines, à commencer par le zooplancton composé de petits animaux qui dérivent ou nagent. Le zooplancton, quant à lui, est mangé directement par une armée d'animaux prédateurs: de la crevette commensale, qui attrape le zooplancton un à un, aux mangeurs-filtreurs, comme la baleine géante, qui le filtrent à travers l'eau qu'ils avalent à grandes gorgées. En haut de l'échelle, on trouve les espèces qui ne sont pas fines bouches comme l'orque, le barracuda et le requin tigre qui porte bien son nom.

La compétitivité a poussé certains à élaborer des tactiques plus complexes: l'étoile de mer à la couronne d'épines dégurgite son estomac par la bouche afin d'envelopper et de digérer les polypes de corail. L'orphie crocodile elle, se propulse hors de l'eau pour transpercer sa proie. Quant à la baudroie, poisson de fond, elle fait balancer une sorte de fil de pêche qu'elle nageoire dorsale.

Cependant, l'intimité et la coopération entre ces différentes formes de vie sont des lois générales plutôt que des exceptions. Les mérous sont enclins à ouvrir leur bouche aux rasons. Les crevettes trouvent abri au coeur des anémones mangeuses de poissons. Des méduses retournées abritent dans leurs tentacules des bactéries, qui en échange, leur donnent de l'énergie. La diversité est infinie et le mouvement perpétuel.

Tout ce qui meurt dans la mer est recyclé. Lorsque les corps morts coulent vers le fond et se transforment en détritus, ils nourrissent les espèces benthiques telles que les echinodermes ou les concombres de mer qui vivent dans le sédiment marin. Les produits chimiques, qui après un temps se dissolvent, remontent à la surface poussés par les courants et les upwellings et fournissent les nutrients pour le phytoplancton, lequel est mangé par le zooplancton, le zooplancton par le krill et ainsi de suite.

- **Underwater entrance to cavern**
- **Entrée de grotte sous-marine**
- **Entrada a una caverna submarina**

El océano es un complejo y delicado sistema que acoge la vida. La luz es esencial pero sólo penetra los primeros cientos de metros en el mar, que tiene una profundidad promedio de 3000 metros.

Es sólo en la parte superior de la zona eufótica que las plantas marinas, incluyendo el minúsculo fitoplancton, pueden capturar la luz y transformarla en energía mediante el proceso de fotosíntesis. A su vez, el fitoplancton apoya el resto de la vida marina, empezando con el zooplancton, compuesto por diminutos animales flotantes. El zooplancton constituye el principal alimento de un enorme número de animales predadores, que varían en tamaño: desde el camarón de mesa que come del zooplancton uno por uno, hasta las ballenas gigantes que filtran su alimento del agua en grandes bocanadas. En la parte superior de la jerarquía están las especies que no tienen necesidad de sutilezas: la orca, la gran barracuda y los apropiadamente llamados tiburones asesinos.

La competencia ha obligado a algunos a elaborar tácticas complejas. Por ejemplo: la estrella de mar espinosa regurgita su estómago a través de la boca para envolver y digerir pólipos del coral; la aguja cocodrilo se impulsa fuera del agua para atravesar a su víctima. Por contraste, el pez ángel, que vive en las profundidades, balancea en el agua un anzuelo desde su aleta dorsal. Una luz en el extremo de ella atrae sus víctimas hacia sus fauces. Sin embargo, intimidad y cooperación entre las diferentes formas de vida son normas más bien que excepciones. El mero abre su boca alegremente a los lábridos limpiadores. Los camarones buscan refugio dentro de anémonas que se alimentan de pescado. La medusa invertida aloja bacterias en sus tentáculos a cambio de energía. La diversidad es infinita y el movimiento interminable.

Todo lo que muere en el mar es reciclado. Puede descender al fondo y convertirse en detritus que mantiene a las especies bentónicas tales como los erizos corazón y los pepinos de mar. Eventualmente, las sustancias químicas disueltas son llevadas a la superficie por corrientes y torbellinos para proveer de nutrientes químicos al fitoplancton, que sirve de alimento al zooplancton que a su vez alimenta camarones – y así la rueda de la vida continúa girando eternamente.

the source

- Volvocine, daughter and granddaughter colonies : **Diatoms**
- Volvoces, colonies de filles et de petites filles : **Diatomées**
- Colonias de volvocine – hija y nieta : **Diatomas**

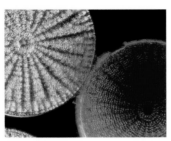
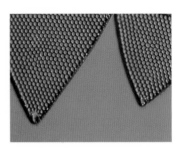

The term plankton comes from a Greek word meaning 'wanderer'. Plankton have little control over their movements but are swept through the oceans by currents and tides.

Most phytoplankton measure less than a fiftieth of a millimetre (0.008 inch) across and yet they have one all-important attribute, the ability to photosynthesise.

Photosynthesis is the process by which plants – whether phytoplankton in the ocean or our familiar grasses and trees – capture the energy present in sunlight, converting atmospheric carbon dioxide into new biomass, or organic matter.

Just as photosynthesis by terrestrial plants produces the materials which ultimately feed every land-living animal, so phytoplankton – 'the grass of the oceans' – directly or indirectly support almost every one of the sea's creatures.

Le mot plancton est d'origine grecque et signifie 'flâneur'. Le plancton ne maîtrise que très peu ses mouvements; il est entraîné dans les océans par les courants et les marées.

En moyenne, le phytoplancton mesure moins d'un quinzième de millimètre de longueur et pourtant, il possède un des atouts les plus importants: la possibilité de photosynthétiser.

La photosynthèse est le processus par lequel les végétaux – que ce soit le phytoplancton des océans ou les plantes terrestres comme l'herbe et les arbres – capturent l'énergie solaire et transforment le dioxyde de carbone de l'air en biomasse (ou matière organique).

Sur le continent la photosynthèse produite par les plantes fournit la matière nécessaire à tous les animaux. De la même manière, le phytoplancton, herbe des océans, nourrit toutes les créatures des mers de façon directe ou indirecte.

El término plancton viene del griego que significa vagabundo. El plancton no tiene control sobre sus movimientos y es arrastrado a través de los océanos por corrientes y mareas.

La mayoría del fitoplancton mide menos que un cincuentavo de milímetro y aún posee este importante atributo, la capacidad de hacer la fotosíntesis.

Fotosíntesis es el proceso por medio del cual las plantas – ya sea el fitoplancton en el océano como nuestros familiares pastos y arboles en la tierra – capturan la energía presente en la luz solar, convirtiendo el anhídrido carbónico de la atmósfera en biomasa, o materia orgánica.

Así como la fotosíntesis de las plantas terrestres produce los materiales que en último término alimentarán a cada animal que vive sobre la tierra, también el fitoplancton – 'la hierba de los océanos' – directa o indirectamente mantiene a casi todas las criaturas marinas.

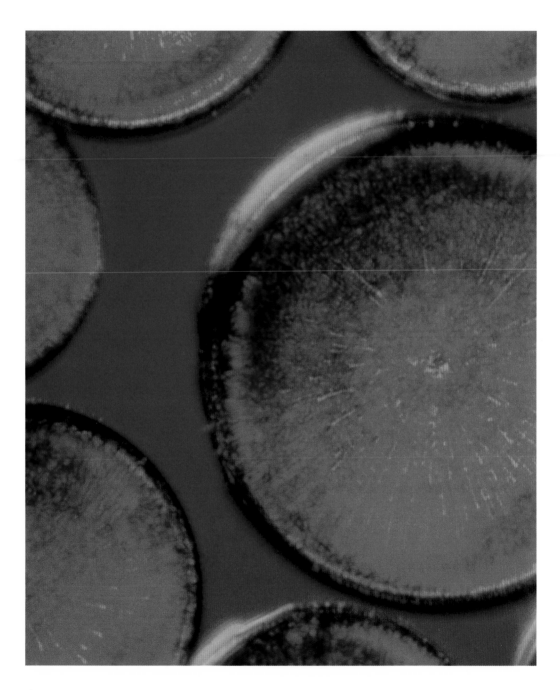

zooplankton

- Pteropods in north-east Atlantic : Larval brittle star : Planktonic ostracod : Hermit crab larva, first stage
- Ptéropodes du nord-est de l'Atlantique : Ophiure larvaire : Ostracode plantonique : Larve de bernard-l'ermite, stade primaire
- Pterópodos en Atlántico Nororiental : Larvas de estrella de mar – amphipholis : Ostracodo planctónico : Larva de cangrejo ermitaño, Primera fase

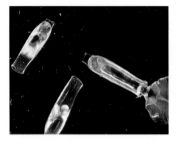 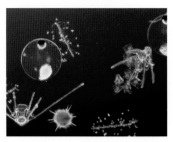 

As well as sunlight, phytoplankton need nutrients such as nitrates and phosphates. Land plants draw these up from the soil. Some nutrients reach the uppermost layer of the water as coastal run-off, but most are in the deep oceanic water. Tides stir this cold, rich mass, forcing nutrients up into the warmer surface waters to be absorbed by the phytoplankton. And where phytoplankton bloom, an assortment of marine animals known as zooplankton follow. These range from the microscopically small to several centimetres in size. Some are herbivorous and others carnivorous; many are crustacean-like, but there is a great diversity in form. Some are the larvae of creatures such as lobsters, crabs and mussels, and will adopt a different lifestyle when they mature; others will float through the seas as plankton for their entire lives. The smaller, herbivorous organisms graze on phytoplankton: most common are the shrimp-like copepods, which use their hairy legs to sweep plant cells into their mouths. Carnivorous forms include miniature jellyfish and elegant elongated arrow-worms, which dart at prey with formidable hooked jaws.

Le phytoplancton a autant besoin de substances nutritives, telles que le nitrate et le phosphate, que de lumière solaire. Les plantes terrestres tirent ces substances de la terre. Quelques unes de ces substances nutritives atteignent la surface de l'eau et vont s'échouer sur la côte. Mais d'une manière générale, on les trouve dans les profondeurs des eaux océaniques. Les marées remuent cette masse riche et froide, poussant ainsi les substances nutritives vers la surface plus chaude où elles sont absorbées par le phytoplancton. Là où prolifère le phytoplancton, on trouve une série d'animaux marins, appelés zooplancton, dont la taille varie de millimétrique à quelques centimètres de longueur. Certains d'entre eux sont herbivores, d'autres carnivores. La plupart sont apparentés aux crustacés mais varient beaucoup en forme. Certains sont au stade larvaire comme les langoustes qui adoptent différents modes de vie au cours de leur existence. D'autres flottent à travers les mers et restent plancton jusqu'à leur mort. Les herbivores les plus petits se nourrissent de phytoplancton; les plus communs sont les copépodes et sont apparentés aux crevettes. Ils utilisent leurs pattes velues pour amener dans leur bouche des cellules végétales. Les formes carnivores du 200 plancton comprennent les vers polychètes allongés qui se précipitent sur leurs proies avec leurs extraordinaires mâchoires crochues.

Además de la luz solar, el fitoplancton necesita nutrientes tales como nitratos y fosfatos. Las plantas terrestres, los extraen de la tierra. Algunos nutrientes llegan a la superficie del agua como sedimentos costeros, pero la mayor parte se encuentra en aguas oceánicas profundas. Las mareas remueven esta fría y fértil masa, forzando a los nutrientes a subir a las cálidas aguas de la superficie para ser absorbidas por el fitoplancton. Es allí donde éste prospera y encontramos una variedad de animales marinos conocidos como zooplancton. El tamaño de estos seres varía desde los microscópicos hasta los de varios centímetros de longitud. Algunos son herbívoros y otros carnívoros: muchos son tipo crustáceos, pero hay una gran variedad de formas. Algunos son larvas de criaturas tales como la langostas, el cangrejo y el mejillón, que adoptarán un estilo de vida diferente cuando maduren; otros flotarán a través de los mares como plancton, durante toda su vida. Los organismos herbívoros de menor tamaño pacen en el fitoplancton: los más comunes son los copépodos con forma de camarón, los cuales usan sus patas peludas para tragar las plantas de un bocado. Las formas carnívoras incluyen medusas en miniatura y elegantes gusanos espada, que apresan velozmente a sus víctimas con sus formidables mandíbulas.

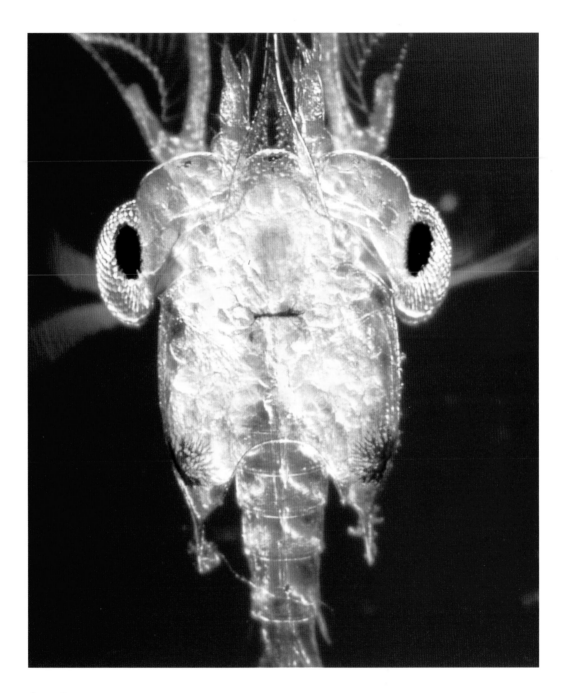

deep water

deep sea bed

- Deep-dwelling fish, north-west Africa : Copepods, north-east Atlantic : Benthic abyssal prawn : Foraminiferan ooze
- Poisson des profondeurs, Afrique du nord-ouest : Copépodes, Atlantique nord-est : Crevette benthique abyssale : Limon foraminifère
- Pez de las profundidades, Noroeste de Africa : Copépodos, Atlántico Nororiental : Camarón de los abisales bentónico : Cieno foraminífero

 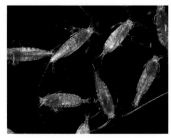 

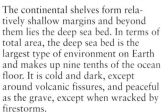

The continental shelves form relatively shallow margins and beyond them lies the deep sea bed. In terms of total area, the deep sea bed is the largest type of environment on Earth and makes up nine tenths of the ocean floor. It is cold and dark, except around volcanic fissures, and peaceful as the grave, except when wracked by firestorms.

Foraminiferan ooze – greeny-grey deposits of limey skeletons of planktonic protozoa – covers about half of the deep-sea floor or 35 per cent of the Earth's surface. These oozes contain information about climate and currents. For example, one of the common species has a shell which coils to the left when surface waters are cold and to the right when surface waters are warm.

Crawling and skimming, burrowing and flitting on the muddy silt of the abyss lives a community of scavengers which includes relatives of brittle stars, anemones, sea spiders, sponges, sea urchins, octopuses, crabs and, of course, fish. Some members of this ecosystem are thought to be undiscovered. Scientists catch tantalising glimpses of biological patterns – samples seem to imply 100 million species of nematodes; creatures have been captured on camera that can barely be fitted into taxonomy. But most pictures of the deep sea bed show a mainly smooth surface broken only by tracks.

Les plateaux continentaux ont des marges peu profondes; au-delà de ces dernières se trouve la plaine abyssale qui constitue la surface la plus importante de la terre et couvre neuf dixième des fonds océaniques. Nous en savons plus sur la lune que sur cet endroit mystérieux.

Le limon foraminifère (dépôts limoneux de squelettes planctoniques de protozoaires) couvre la moitié du fond sous-marin, soit 35 pour cent de la surface de la terre. Ces limons sont riches en informations sur le climat et les courants. Par exemple, une des espèces courantes possède une coquille qui s'enroule vers la gauche quand les eaux de surfaces sont froides et vers la droite lorsqu'elles sont chaudes.

Les ophiures, les anémones, les araignées de mer, les éponges, les oursins, les pieuvres, les crabes et les poissons font partie de cette communauté de pilleurs qui évoluent le long des fonds vaseux de l'abysse. Certains organismes de cet écosystème sont encore inconnus. Les scientifiques commencent tout juste à découvrir des signes étonnants de structures biologiques – certains échantillons suggèrent l'existence de cent millions d'espèces de nématodes. Certaines créatures à peine visibles peuvent tout juste entrer dans une classification taxonomique. Cependant, la plupart des images des fonds océaniques montrent une surface lisse, parfois interrompue par des sillons.

Las placas continentales son relativamente poco profundas y bajo ellas yace el fondo marino. En términos de superficie total, el fondo del lecho marino es el tipo de medio ambiente más grande en la tierra y ocupa nueve décimos del fondo del océano. Es frío y oscuro, excepto alrededor de las grietas volcánicas; tranquilo como una tumba, excepto cuando es alterado por tormentas de fuego.

El cieno foraminífero – depósito gris verdoso de esqueletos de protozoo planctónico – cubre casi la mitad del lecho marino o 35 por ciento de la superficie de la tierra. Este cieno contiene información sobre el clima y las corrientes. Por ejemplo, una de las especies más comunes tiene una concha que se enrosca hacia la izquierda o la derecha según sea la temperatura del agua.

Arrastrándose a ras de suelo en el sedimento turbio del abismo, vive una comunidad de seres que se alimentan de detritos e incluye parientes de estrellas de mar, anémonas, serpientes marinas, esponjas, erizos, pulpos, cangrejos y por supuesto peces. Se piensa que todavía existen algunos integrantes de este ecosistema que no han sido descubiertos. Pero la mayoría de las fotografías del fondo marino muestran una suave superficie alterada sólo por rastros o huellas de sus habitantes.

deep water

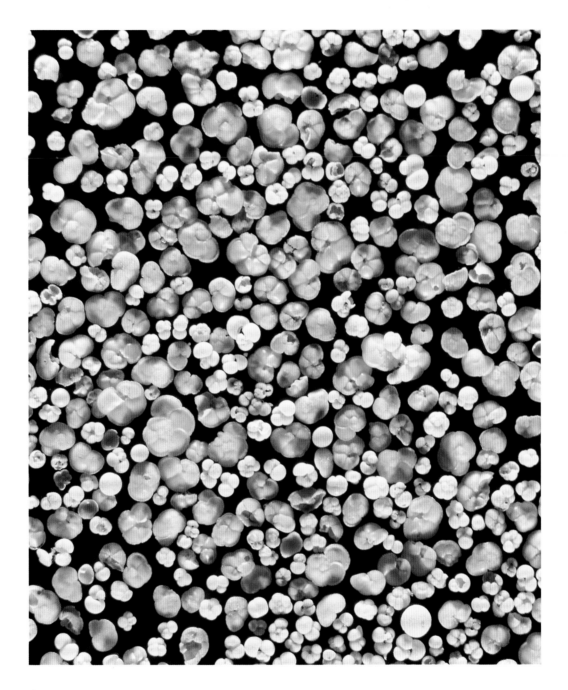

upwellings

• Pteropods, north-east Atlantic : Jacks : Big haul of fish, Britain : School of poisonous catfish
• Ptéropodes du nord-est de l'Atlantique : Carangues : Grosse prise de poissons, Grande Bretagne : Banc de poissons-chats vénéneux
• Pterópodos, Atlántico Nororiental : Lucios : Gran redada de peces, Gran Bretaña : Bandada de bagres venenosos

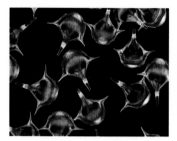  

Ocean currents are 'underwater winds' that are caused, for example, by changes in air pressure, by the rays of the sun warming the ocean surface, and by cold water rising and colder water sinking. Tides are the up-and-down movements of the sea's surface caused by the pulling effects of the Sun and Moon as the Earth spins on its axis.

Although there are stagnant places in the deep ocean, in most areas tides and currents shift the sediments periodically. An eddy from the Gulf Stream, for instance, can lift a vast amount of silt far into mid-water which is sometimes hundreds of kilometres offshore. In other places, the edges of continents thrust against the drag of the ocean, creating seasonal or permanent current systems that suck sea-bed sediments and nutrients to the surface. These upwellings force-feed the surface community of plankton and their predators, causing hierarchical feeding frenzies. Moving with the sediment-rich upwellings, shoals of fish such as tuna are in turn pursued by dolphins, sailfish and pelagic sharks. These shoals are also targeted by flocks of sea birds – gannets, puffins, terns, gulls and pelicans – and by fishermen.

Les courants océaniques sont des mouvements sous-marins créés, entre autres, par les changements de pression de l'air, les rayons du soleil qui chauffent la surface de l'océan, les eaux froides qui montent ou celles, plus froides encore, qui descendent. Le mouvement de va-et-vient des marées est provoqué par le phénomène d'attraction du soleil et de la lune.

Bien que certains endroits de ces fonds océaniques soient stagnants, les marées et les courants déplacent régulièrement les sédiments. Le gyre du Golf Stream, par exemple, peut faire remonter une masse impressionnante de vase et l'entraîner sur des kilomètres vers la côte. En revanche, courant au niveau de l'extrémité de certains continents va à l'encontre du courant des fonds océaniques, provoquant des courants saisonniers, et parfois permanents, qui entraînent ces sédiments vers la surface. Ces remontées d'eau froides nourrissent le plancton et les prédateurs vivant à la surface de l'océan, donnant lieu à un gavage hiérarchique: Les bancs de poissons, comme les thons, se déplacent avec ces tourbillons riches en sédiments, puis sont à leur tour poursuivis par les dauphins, les marlins et les requins pélagiques. Ils constituent aussi la proie de volées d'oiseaux de mer comme les fous, les macareux, les hirondelles de mer, les mouettes et les pélicans, mais aussi des pêcheurs.

Las corrientes oceánicas son 'vientos submarinos' causados, por cambios en la presión del aire, por los rayos de sol que calientan la superficie del océano y por movimientos de agua fría que sube y de agua más fría que baja. Las mareas son movimientos hacia arriba y hacia abajo de la superficie del mar causados por la atracción del Sol y de la Luna mientras la Tierra gira sobre su eje.

Aunque existen lugares inactivos en las profundidades del océano, mareas y corrientes mueven periódicamente los sedimentos. Una turbulencia de la corriente del Golfo puede levantar una enorme cantidad de sedimento al medio del océano, a cientos de kilómetros del litoral. En otros lugares, los bordes de los continentes resisten el avance del océano, creando sistemas de corrientes estacionales o permanentes que aspiran sedimentos y nutrientes desde el lecho del mar hacia la superficie. Estas corrientes ascendentes alimentan obligatoriamente a la comunidad del plancton y a sus predadores en la superficie. Junto a las corrientes ascendentes ricas en sedimento, se mueven bancos de peces tales como el atún, que a su vez son perseguidos por delfines, peces vela y tiburones pelágicos. Estos bancos son también el objetivo de bandadas de pájaros marinos – alcatraces, frailecillos, golondrinas de mar, gaviotas y pelícanos – además de los pescadores.

deep water

deep water

climate
the poles

- Krill : Blue whale : Polar bears : Chinstrap penguins on blue iceberg
- Krill : Baleine bleue : Ours polaires : Pengouins de l'Antarctique sur un iceberg
- Krill o quisquillas : Ballena Azule : Osos polares : Pinguinos en témpano de milelo azul

In the seas of the Arctic (literally, 'bear-land') and Antarctic, seasonality is extreme. In winter there is perpetual dark and in summer, perpetual light. In the Antarctic ocean, some 4 million square kilometres of sea ice in a February summer become 19 million in a September winter. This seasonal thaw is reversed in the Arctic. As summer comes around, melting ice releases fresh water and also a vast community of microorganisms, which inhabits the underside of the ice sheet. Surface waters are thus enriched with life and nutrients, and they support massive growth among the phytoplankton.

Phytoplankton are grazed by a host of aquatic microbes and zooplankton including shrimp-like crustaceans known as krill. These accumulate in their hundreds of billions over the 35 million square kilometres of Antarctic sea, but especially around the edges of the shrinking ice. Filter-feeding baleen whales, such as the blue, migrate thousands of kilometres to feast on them. The krill also support fish, that in turn support birds such as penguins and further marine mammals such as seals. This burst of activity slows down greatly in winter. By scraping algae from the underside of the ice-sheet, eating each other, and fasting, enough krill survive to fuel another population explosion when conditions warm up again in the spring.

Dans les mers de l'Arctique et de l'Antarctique, les saisons sont extrêmes: sans lumière solaire en hiver et sans nuit l'été. Dans l'océan Antarctique, la surface de quatre millions de kilomètres carrés de mer glacée en février (mois d'été) s'étend jusqu'à 19 millions dès Septembre (mois d'hiver). Dans l'Arctique, ce dégel saisonnier est inversé. A l'approche de l'été, la fonte de la glace libère une eau fraîche composée d'une multitude de micro-organismes. Les eaux de surface s'enrichissent ainsi d'organismes vivants et de substances nutritives permettant un développement de phytoplancton.

Le phytoplancton nourrit une armée de microbes aquatiques et le zooplancton appelés krill. Ce dernier fait partie de la famille des crevettes et se reproduit par centaines de millions sur la mer antarctique. Les baleines, qui filtrent leur nourriture, parcourent, de longues distances pour s'en régaler. Le krill nourrit aussi les poissons, qui à leur tour nourrissent les oiseaux, tels que les pingouins, ainsi que des mammifères marins comme les phoques. Cette activité intense et soudaine se calme durant les mois d'hiver, période durant laquelle le krill parvient à survivre en se nourrissant du peu d'algues restant sous la couche glacée, en s'entre-mangeant ou en jeûnant. Il servira d'aliment à la nouvelle population marine lorsque celle-ci explosera avec le réchauffement du printemps.

En los mares del Ártico y del Antártico, las estaciones son extremas. En el océano Antártico, 4 millones de kilómetros cuadrados de hielo en el mes de febrero, se convierten en 19 millones en septiembre. Con la llegada del verano se libera el agua fresca y una vasta comunidad de microorganismos que habita bajo la capa de hielo. La superficie se enriquece de vida y nutrientes que desarrollan el fitoplancton.

El fitoplancton alimenta a los microbios acuáticos y al zooplancton que incluye un tipo de crustáceo llamado krill. Este se reproduce en cientos de billones sobre unos 35 millones de kilómetros cuadrados en el Antártico, pero especialmente en los bordes del hielo. Las ballenas azules migran miles de kilómetros para la gran comilona. El krill alimenta peces que a su vez alimentan pájaros como los pinguinos y otros mamíferos marinos como focas. Esta explosión de actividad descansa con la llegada del invierno. El krill sobrevive alimentándose de algas que encuentra debajo de la capa de hielo, comiéndose unos a otros o ayunando, pero sobrevive suficiente krill para alimentar otra explosión de población con las temperaturas más cálidas en la primavera.

deep water

deep water

the tropics

- Staghorn coral in tropical lagoon : Fusiliers : Hardy Reef lagoon, Australia, aerial view
- Corail tricorne dans un lagon tropical : Fusiliers : Récif de lagon, Australie
- Coral de Staghorn en una laguna tropical : Fusileros : Vista aérea de laguna en el arrecife Hardy, Australia

In tropical oceans, the surface waters are permanently warm because they rarely mix with the deeper layers and so tend to be poor in nutrients throughout the year. Exceptionally small phytoplankton – measuring only a thousandth of a millimetre (0.00004 inch) – can best exploit such conditions and so dominate these waters. Being too small for ordinary zooplankton to graze, they are consumed instead by protozoa – microorganisms which are themselves no bigger than a tenth of a millimetre (0.004 inch); krill and copepods then feed on the protozoa. This extra link in the food chain has an ecological cost. Since every plant and animal uses some energy simply to maintain its life processes, this energy is effectively lost to the ecosystem – and to the higher animals which might use it. Consequently tropical oceans are incredibly diverse, but rarely sustain the dense populations of large animals which are a feature of other seas.

Exceptions include coastal regions like the Chile-Peru coast of South America. Here, the area teems with birds and fish supported by a short food chain as deep, nutrient rich water is brought to the surface by constant upwelling.

Dans les océans tropicaux, les eaux de surface sont chaudes en permanence parce qu'elles se mêlent rarement aux eaux des couches inférieures. En conséquence, elles ont tendance à être pauvres en substances nutritives tout au long de l'année. Exceptionnellement, du petit phytoplancton – mesurant un centième de millimètre – peut se développer dans de telles conditions et ainsi vivre dans ces eaux. Etant trop petit pour nourrir le zoo-plancton ordinaire, il est mangé par les protozoaires – micro-organismes qui eux-mêmes ne dépassent pas un dixième de millimètre et dont le krill et les copépodes se nourrissent. Ce lien supplémentaire dans la chaîne alimentaire a un coût écologique. Etant donné que chaque plante et chaque animal consomme une certaine quantité d'énergie pour se maintenir en vie, cette même énergie est perdue pour l'écosystème et pour les animaux plus forts. Par consé-quent, les océans tropicaux sont d'une très grande diversité, mais ne possèdent qu'une population limitée de grands animaux caractéristiques de la population des autres mers.

La côte du Chili et du Pérou fait exception. Cette région est riche en oiseaux et en poissons qui forment une chaîne alimentaire très courte, ceci étant dû aux courants qui font remonter à la surface les eaux riches en substances nutritives.

En los océanos tropicales, las aguas superficiales son permanentemente cálidas porque se mezclan raramente con las aguas profundas y por lo tanto tienden a ser pobres en nutri-entes a través del año. Excepcional-mente el pequeño fitoplancton, no mayor que una milésima de milímetro, puede explotar mejor estas condiciones y de esta manera predom-inar en estas aguas. Por ser demasi-ado pequeños para el zooplancton, ellos son consumidos por protozoos – microorganismos no mayores que una décima de milímetro; krill y copépodos a su vez se alimentan de los protozoos. Este eslabón extra en la cadena alimenticia tiene un costo ecológico. Dado que cada planta y animal usa energía para mantener sus procesos biologicos, esta energía se pierde del ecosistema y de los ani-males de mayor tamaño que podrían consumirla. Como resultado de esto, los océanos tropicales son increible-mente diversos pero raramente mantienen la densidad de población de grandes peces que son característi-cos en otros océanos.

La excepción incluye regiones costeras como la de Chile-Perú en América del Sur. Aquí el agua es un hervidero de pájaros y peces mantenidos por una corta cadena alimenticia, en la medida que las aguas profundas y ricas en nutrientes llegan a la superficie por constantes corrientes ascendentes.

deep water

dealing with the medium
buoyancy

On land, skeletons are necessary to resist the crushing weight of gravity. In the sea, water will support a softer body. Skeletons, where they do occur, brace muscles for other purposes (such as propulsion). Marine creatures that can offset the downward drag of gravity with the ability to float achieve weightlessness and can exploit their three-dimensional living space with minimum effort. The key is buoyancy control. This requires adjustment of density: when the creature is as dense as water it stays at a constant depth, when it is less dense it rises and when it is more dense it falls. These adjustments can be achieved by secreting gas from the blood into a container within the body, such as a swim bladder in bony fish, a floating bubble in siphonophores, or the pores of a hard structure in cuttlefish. Another method is to store lighter-than-water oils inside the liver (as sharks do) or the head (the way of sperm whales).

Sur la terre, on a besoin d'un squelette pour résister à la force de la pesanteur. Dans la mer, l'eau permet de soutenir des corps plus légers. Les squelettes ont pour fonction de maintenir les muscles qui servent entre autres à se propulser. Les organismes marins, qui peuvent résister au phénomène d'attraction vers le fond en nageant, parviennent à un état d'apesanteur et peuvent ainsi exploiter leur espace vital sans beaucoup d'effort. L'élément principal est la stabilité qui demande un équilibrage avec la densité: quand l'organisme est aussi dense que l'eau, il se maintient à la même profondeur; lorsqu'il est moins dense, il remonte vers la surface et lorsqu'il est plus dense, il est attiré vers le fond. Ces ajustements s'opèrent, par exemple, en sécrétant un gaz contenu dans le sang, dans un container prévu à cet effet dans le corps. La vessie natatoire des poissons osseux, la bulle flottante des siphonophores, ou les pores de la structure dure des sèches possèdent cette fonction. Une autre méthode consiste à garder en réserve des huiles dont la densité est inférieure à celle de l'eau. On les trouve dans le foie chez les requins, ou dans la tête chez les cachalots.

En la tierra, los esqueletos son necesarios para resistir la fuerza de atracción de la gravedad. En el mar, el agua es el soporte de cuerpos más blandos. El esqueleto, cuando existe, refuerza la función de los músculos para otros propósitos (como la propulsión). Hay criaturas marinas que pueden anular la fuerza de gravedad por su capacidad de lograr ingravidez al flotar y así explotar su espacio tridimensional con un mínimo de esfuerzo. La clave está en controlar la capacidad de flotación. Esto requiere un ajuste de densidad: cuando la criatura es tan densa como el agua, permanece a una profundidad constante; cuando es menos densa sube y cuando aumenta su densidad, baja. Estos ajustes son posibles al secretar un gas desde la sangre a un contenedor en el cuerpo parecido a la vejiga natatoria del pez óseo, una burbuja flotante en los sifonóforos o los poros de la estructura dura en la sepia. Otro método es el de almacenar aceites más livianos que el agua dentro del hígado (como hacen los tiburones) o en la cabeza (como hacen los cachalotes).

deep water

water resistance

- Jellyfish : Common dolphins : Sperm whale skin : Banded sea krait
- Méduse : Dauphins : Peau de la cachalot : Serpent de mer rayé
- Medusa : Delfines : Piel de cachalote : Serpiente de mar – krait

Water is a dense medium that is much harder to move through than air. Many species don't even try, and simply drift with the currents, but most can achieve at least some local movement. The hair-like cilia of creatures such as jellyfish act like tiny oars. Other species, driven by competition, achieve high speeds. Giant scavenging amphipods (140 mm) swim fast to carrion, their paddled feet churning vigorously as they race for a share in the meal. Dolphins and penguins are more streamlined, pointed and sleek, the better to force a way through the clinging masses of water molecules. In addition, dolphins and penguins lubricate themselves with secretions that loosen the grip of the water. Speed and manoeuverability can give a creature the edge it needs to catch a vital meal or outrun its predators for another day of life.

L'eau est un élément dense qui est bien plus difficile à déplacer que l'air. Nombres d'espèces se contentent de dériver au gré des courants. Cependant, la plupart d'entre elles parviennent effectuer de déplacements même restreints. Les protozoaires sont pourvus de cils vibratiles, comme les méduses, et sont équipés de petites rames pour se mouvoir. D'autres espèces plus compétitives parviennent à se déplacer plus rapidement. Les amphipodes géants nécrophages (14 cm) se ruent vers les proies en activant vigoureusement leurs pieds en forme de rame afin d'obtenir une part du butin. Les dauphins et les pingouins sont plus aérodynamiques: leur corps pointu et lisse est mieux adapté pour pénétrer les molécules adhérantes de l'eau. Ajouté à cela, ils sécrètent des substances qui lubrifient leur corps et leur permettent de mieux glisser dans l'eau. La vitesse et l'agilité sont des atouts nécessaires aux créatures pour se nourrir, ou encore détourner leurs prédateurs afin de vivre ne serait-ce qu'un jour de plus.

El agua es un medio denso a través del cual es mucho mas difícil moverse que el aire. Muchas especies ni siquiera lo intentan y simplemente se dejan llevar por las corrientes, pero la mayoría puede lograr al menos algún movimiento local. Los cilios de criaturas como la medusa se comportan como diminutos remos. Otras especies, estimuladas por la competencia, alcanzan altas velocidades. Anfípodos necrófagos gigantes (140 mm) se desplazan con rapidez hacia la carroña agitando vigorosamente sus patas como paletas a medida que compiten por una ración de comida. Delfines y pinguinos son más aerodinámicos, puntiagudos y tienen una superficie corporal lisa; la mejor fórmula para abrirse paso entre masas de agua, cuyos enlaces a nivel molecular son mucho más íntimos que los del aire. Además los delfines y pinguinos lubrican su cuerpo con secreciones que les ayudan a abrir camino entre la intrincada estructura del agua. Velocidad y maniobrabilidad pueden dar a las criaturas la ventaja que necesitan para apresar alimento o dejar atrás a sus predadores.

dealing with the medium
oxygen, gills

• Hammerhead shark : Nudibranch : Angelfish : Cleaners busy on Bat fish

• Requin marteau : Nudibranches : Baudroie : Poisson nettoyeur mange dans les branchies d'un poisson
• Tiburón martillo : Nudibranquio : Pez ángel : Pez Limpiador desparasitando las branquias de un pez

Most life forms need oxygen and die without it. Oxygen is being dissolved continuously from the air through the actions of waves on the surface and photosynthetic phytoplankton deeper down. Stagnant basins do exist – for example, the Black Sea and the Cariaco trench off Venezuela – and algal blooms can suck all the oxygen from aquatic environments around them, stifling life below. But in general, there is at least some oxygen available. The challenge in evolutionary terms is to get enough. Lots of water must be brought into contact with lots of blood so that oxygen molecules can transfer from one medium to the other. Gills are the most common solution. Whether in molluscs, crustaceans or fish, gills and gill-like structures (such as modified feet) have to be compact, sturdy, full of circulating blood, large in surface area, and exposed to moving water. Gills are therefore usually made of stiffened, finely branching feathery filaments that are rich in blood vessels, and they are often packed into a container that has a pump to suck water in and spit it out once it has yielded its oxygen.

La plupart des organismes vivants ont besoin d'oxygène pour se maintenir en vie. Bien que l'eau contienne bien moins d'oxygène que l'air, ce gaz est constamment dissout en partie par le mouvement des vagues à la surface mais aussi plus profondément par le phytoplancton photosynthétique des profondeurs. Il existe des bassins stagnants – comme la Mer Noire et la fosse de Cariaco près du Venezuela – où la floraison d'algues consomme une grande partie de l'oxygène, restreignant ainsi la vie plus en profondeur. Dans l'ensemble, il reste toujours une certaine quantité d'oxygène disponible. En terme d'évolution, parvenir à obtenir une quantité suffisante d'oxygène relève du défi. Une proportion importante d'eau doit entrer en contact avec une proportion égale de sang, de façon à ce que l'oxygène puisse passer d'un milieu à l'autre. L'utilisation de branchies constitue le moyen le plus courant chez les mollusques, les crustacés ou les poissons. Les branchies, ou les organes dont la fonction est analogue (comme c'est le cas des pieds modifiés), doivent être compactes, solides, larges, bien irriguées et bien exposées à l'eau en mouvement. C'est pourquoi, elles sont composées de lamelles résistantes finement raclordées et contenant un nombre important de vaisseaux sanguins; elles sont souvent placées dans une poche équipée d'une pompe qui aspire l'eau et la rejette une fois que l'oxygène a été capturé.

La mayoría de las formas de vida necesitan oxígeno para vivir y mueren por la falta de él. Aunque el agua es mucho menos rica en oxígeno que el aire, éste se disuelve en ella por la continua acción de las olas en la superficie y los procesos de fotosíntesis del fitoplancton en profundidad. Existen cuencas estancadas tales como el mar Negro y la fosa de Cariaco en Venezuela – donde los brotes alguíferos pueden chupar todo el oxígeno del medio acuático alrededor de ellos, ahogando formas de vida en zonas inferiores oxigenodependientes. Pero en general siempre hay algo de oxígeno disponible. El desafío en términos de evolución, es obtener el suficiente. Grandes cantidades de agua deben ser puestas en contacto con grandes cantidades de sangre para que las moléculas de oxígeno puedan ser transferidas de un medio al otro. Las branquias suelen ser la solución más común. Ya sea en moluscos, crustáceos o peces, las branquias y las estructuras branquiales (como por ejemplo patas modificadas) deben ser compactas, robustas y llenas de sangre circulando, con una gran superficie expuesta al agua circulante. Las branquias por lo tanto están constituídas por filamentos rígidos agrupados en forma de ramas finísimas que son ricas en vasos sanguíneos y a menudo encerrados en un contenedor con una bomba que succiona el agua y la expulsa una vez que se ha obtenido el oxígeno.

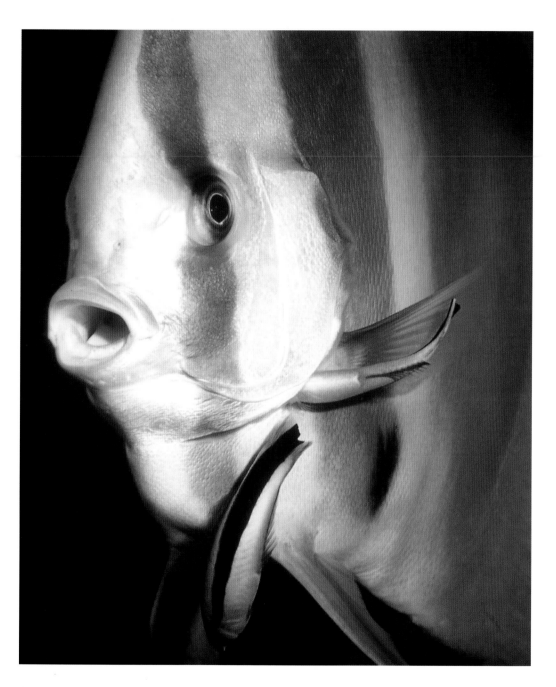

dealing with the medium
currents

- Large chiton : Common mussels : Barnacles : Kelp
- Grand chiton : Moules : Barnacles : Varech
- Chiton gigante : Mejillones : Percebes : Kelp (algas)

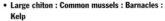

Having evolved to fit into a particular place in the scheme of nature, each organism must remain where the conditions are suitable for its own way of life. This often means staying in one spot, where there is enough food, light, warmth, safety, and mating opportunities. For many organisms, being dragged around by ocean currents or tidal surges would mean random exposure to potentially hostile environments. Therefore many have evolved ways to resist the moving force of water. Swimming is one way to do this but it uses energy. Some fish actively swimming and turning are doing so just to keep themselves in the same place. An alternative is to build something to hold on with – the 'anchor' strategy. Once they have settled after their planktonic phase, chitons and limpets develop powerful sucker-feet to bind them to one position for life. Kelp and other seaweeds have 'holdfasts' that adhere to hard surfaces to resist waves and currents – although the casualties washed up on beaches after storms show that even a billion years of evolution cannot always guarantee success.

Une fois qu'ils ont évolué et se sont adaptés à leur environnent, les organismes doivent se maintenir dans des conditions favorables pour assurer leur survie. Cela signifie souvent rester dans un endroit sûr où la nourriture, la lumière, la chaleur sont suffisantes ainsi que la possibilité d'accouplement. Pour nombre d'organismes, être transportés par les courants océaniques ou les marées signifierait se risquer au hasard des dangers d'un environnement hostile.

La plupart ont développé des moyens de résister à la force du mouvement de l'eau. Nager en est un, mais il requiert beaucoup d'énergie. Certains poissons nagent dans le seul but de se maintenir en place. Quant à la technique de l'ancrage, elle consiste à fabriquer une structure à laquelle s'accrocher: une fois que les chitons et les patelles ont accompli leur phase planctonique, ils mettent en place un système de pied-aspirateur très puissant qui les maintient dans la même position pour le reste de leur vie. Le varech, ainsi que d'autres algues, ont des systèmes qui leur permettent d'adhérer à des surfaces solides et de résister aux mouvement des vagues et des courants – cela n'empêche pas un certain nombre de victimes d'échouer sur les plages après les tempêtes; ceci prouve que même des millions d'années d'évolution ne sont pas la clef de la réussite.

Habiendo evolucionado para vivir en una zona particular del esquema de la naturaleza, cada organismo debe permanecer donde las condiciones le resulten más favorables para su desarrollo. Esto implica a menudo quedarse en un solo lugar donde hay suficiente comida, luz, calor, seguridad y oportunidades para reproducirse. Para muchos organismos, el ser arrastrados por corrientes y mareas océanicas, implica exponerse al azar, a medios potencialmente hostiles. Por ello encontramos muchas formas de vida que han desarrollado diversas estrategias para resistir la fuerza motora del agua. Nadar es una manera de lograrlo, pero gasta energía. Algunos peces que nadan y giran activamente, lo están haciendo sólo para mantenerse en el mismo lugar. Una alternativa es construir algo a lo cual sujetarse: estrategia de 'anclaje'. Una vez establecida su base después de su fase en el plancton, las lapas desarrollan poderosas patas succionadoras para fijarse a una posición por vida. Kelp y otras algas tienen ventosas que se adhieren a superficies rígidas para resistir olas y corrientes – aunque las víctimas arrojadas a las playas después de una tormenta muestran que billones de años de evolución no pueden siempre garantizar el éxito.

deep water

deep water

diversity

There are more distinct ecosystems in the sea than on land. Eighty per cent of the world's biodiversity lives in the ocean. The Earth's tallest mountain, longest mountain range and deepest canyon are all found there, but the ocean's variability goes far beyond topography. Currents, tides, salinity, nutrient and oxygen concentration, temperature, light, depth and the chemistry of the sea bed all combine to create different conditions to which organisms are adapted. Some organisms survive by producing 'living light' – bioluminescence. This is used to lure prey, to attract a mate, or simply to blend into the surroundings. The result of all this – plus 500 million years of evolution – is a pattern of diversity that is only just beginning to be understood. New species found in samples from the deep sea bed continue to accumulate. Estimates of the number of species of fish range from 15,000 to 40,000 (25,000 is the most common guess). Part of the problem is that fish vary enormously from region to region, male to female, and age to age. Species are dying out faster than they can be identified, simply because their habitats are being destroyed or altered. Experiments in laboratories on small, constructed worlds demonstrate repeatedly that diversity is life's strongest card – and still one of its most mysterious.

La diversité des écosystèmes marins est plus importante que celle des écosystèmes terrestres. Quatre-vingt pour cent des êtres vivants sur la terre vivent dans les océans. On trouve dans l'océan la chaine de montagnes la plus haute et la plus profond de la planète. mais la diversité de l'océan va bien au-delà de la topographie: Mis ensemble, les courants, les marées, la salinité, les substances nutritives, la consommation d'oxygène, la température, la lumière, la profondeur et la chimie des fonds sous-marins créent des conditions variées auxquelles les organismes s'adaptent. Certains survivent en produisant de la bioluminescence. Elle sert à attirer les proies, les compagnons pour s'accoupler, ou tout simplement à se confondre dans le décor environnant. Le résultat de cet ensemble, et 500 millions d'anées d'évolution, est une extrême diversité que l'on commence à peine à comprendre. De nouvelles espèces sont régulièrement découvertes. On estime qu'il y a entre 15,000 et 40,000 espèces de poissons (25,000 en moyenne). Une des difficultés vient du fait que les poissons varient incroyablement selon les régions, le sexe et l'âge. Les espèces disparaissent plus vite qu'on ne peut les identifier parce que leurs habitats sont détruits ou altérés. Des expériences en laboratoire sur des microstructures confirment que l'aspect le plus important et le plus mystérieux de la vie reste la diversité.

Hay mayor variedad de ecosistemas en el mar que en la tierra. El ochenta por ciento de la biodiversidad mundial vive en los océanos. La montaña más alta, la cadena montañosa más larga de la tierra y los cañones más profundos estarán siempre ahí, pero la variedad en el océano va mucho más allá de la topografía. Corrientes, mareas, salinidad, nutrientes y concentración de oxígeno, temperatura, luz, profundidad y los procesos químicos del fondo del mar, todo se combina para crear diferentes condiciones a las cuales se adaptan los organismos. Algunos organismos sobreviven generando 'luz viva' – bioluminiscencia. Esta se usa para atraer a la presa o a la pareja o simplemente para confundirse en el medio. El resultado de todo esto – más 500 años de evolución – es un patrón de diversidad que ahora solamente se empieza a comprender. Continuamos acumulando nuevas especies halladas en muestras extraídas del fondón oceánico. Una estimación del número de especies de peces varía entre 15,000 y 40,000 (25,000 es la estimación promedio). Algunas especies desaparecen con tal rapidez que no alcanzan a ser identificadas, simplemente porque sus hábitats son destruídos o alterados. Experimentos de laboratorio en pequeños mundos construídos al efecto, demuestran que la diversidad es la carta más poderosa de la vida y uno de sus más grandes misterios.

marine mammals

- Harp seal : Gray seal : Harp seal pup : Bottlenosed dolphins
- Phoque du Groenland : Phoque gris : Bébé phoque du Groenland : Grand dauphin rench
- Foca del norte : Foca gris : Cachorro de foca : Delfin mular

With powerful currents created by the movement of the planet itself, there is mass movement of marine life. In summer, the Antarctic is a plentiful feeding ground for whales. But whales' calves need warmth, so most species breed in the tropics. The grey whales of the northern hemisphere are unparalleled cetacean travellers, making the longest known annual migration of any mammal. In summer, grey whales feed in the shallow, food-rich Arctic waters of the Bering, Beaufort and Chukchi Seas. But with remarkably precise timing, as chill winds begin to whip across the ocean, thousands of greys abandon their feeding grounds and begin their journey towards the warm, sheltered lagoons of Baja California in Mexico. Pregnant females usually lead the migration, over an astonishing 11,000 kilometres (nearly 7000 miles). With little food to eat, they survive mainly on their rich stores of fibrous blubber, which can be more than a third of a metre (1 foot) thick. A similar strategy is adopted by some seal species. For just two weeks a year, thousands of female harp seals gather on Arctic ice to bear their young before setting off for feeding grounds in Hudson and Baffin Bays.

L'activité de la vie marine suit les courants créés par les mouvements de la planète. Durant l'été, l'Antarctique est un garde-manger important pour les baleines. Mais les baleineaux ont besoin de chaleur ainsi que la plupart des espèces qui se reproduisent dans les tropiques. Les baleines grises de l'hémisphère nord, voyageurs extraordinaires, réalisent la plus longue migration de mammifères. En été, ces cétacés se nourrissent dans les eaux arctiques peu profondes et riches en aliments comme les mers de Béring, de Beaufort et des Tchouktches. C'est avec une exactitude extraordinaire que des centaines de baleines grises quittent leur source alimentaire, dès que les vents commencent à souffler sur l'océan, pour se diriger vers les lagunes protégées de la Basse Californie du Mexique. Les baleines pleines sont habituellement en tête lors de la migration d'une distance de 11000 kilomètres. Limitées en plancton, elles vivent en général sur leurs réserves importantes de banc fibreux qui peut atteindre une épaisseur de plus de 30 centimètres. Certaines espèces de phoques adoptent une stratégie analogue. Chaque année, durant une période de deux semaines, des centaines de phoques femelles du Groenland se rassemblent sur la glace arctique pour donner naissance à leurs petits, avant de se mettre en route vers des eaux plus riches en aliments telles que les baies de l'Hudson et de Baffin.

Las poderosas corrientes creadas por el propio movimiento del planeta generan un movimiento masivo de la vida marina. En verano, el Antártico es una zona de alimentación abundante para las ballenas. Pero los retoños de las ballenas necesitan calor, y por eso la mayoría de las especies crían en aguas tropicales. La ballena gris del hemisferio norte no tiene paralelo entre los cetáceos viajeros, realizando la más larga migración anual efectuada por un mamífero. En el verano, la ballena gris se alimenta en las aguas poco profundas y ricas en alimento del Ártico, mar de Bering, Beaufort and Chukchi. Pero con una admirable precisión en el tiempo, en la medida que los vientos fríos empiezan a soplar a través del océano, miles de ballenas grises abandonan sus territorios de alimentación y empiezan su viaje hacia las cálidas y protegidas lagunas de La Baja California en México. Las hembras preñadas son las que usualmente dirigen esta migración de casi 11000 km. Con poca disponibilidad de alimento, sobreviven principalmente de sus ricos almacenamientos de grasa fibrosa que llegan a tener un grosor de más de un tercio de 1 metro. Una estrategia similar es adoptada por algunas especies de focas. Por casi dos semanas al año, miles de focas arpa hembra se reúnen en los hielos del Ártico para parir antes de partir en busca de territorios donde alimentarse en las bahías de Hudson y Baffin.

deep water

migration
fish

• Sockeye salmon : Elvers of common eel :
 Migrating salmon : Red crab migration on
 Christmas Island
• Saumon du Pacifique : Civelles : Saumon en
 migration : La migration des crabes rouges sur

l'île Christmas
• Salmón Sockeye : Angulas : Migración de
 salmones : Migración de cangrejos rojos en la
 Isla Christmas

Legendary voyagers among the fish are salmon. Young salmon mature in the rivers and streams that are their birthplaces; but after a few years they don the silvery camouflage of seafish and head in their millions for the open ocean, where they feed and grow. After several years they return, spawn and die. This journey, which may cover 5000 kilometres (more than 3000 miles), is especially remarkable since each fish relocates the very same stream in which it was spawned. Some species migrate in the opposite direction. The freshwater eel lays its eggs in the Sargasso Sea, at a depth of some 500 metres (about 1700 feet). Translucent leaf-shaped larvae hatch in the summer and are carried by the Gulf Stream to European and North American shores. Five to fifteen years after their arrival in continental fresh water, they head back to the Sargasso Sea, some 6000 kilometres (3700 miles) distant.

Crustaceans too are travellers. The rainy season of Christmas Island off Western Australia is famous for its red crab migration. About 100 million of these crimson-shelled crustaceans march to the coast to mate just before full moon. Three to four days before the new moon dawns, spawning peaks.

Parmi les voyageurs légendaires figurent les saumons. Les jeunes saumons grandissent dans les rivières et les cours d'eau où ils sont nés. Après quelques années, ils revêtent leur camouflage argenté et se dirigent par millions vers l'océan où ils se nourrissent et grandissent. Après plusieurs années, ils s'en retournent, se reproduisent et meurent. Ce voyage, qui peut atteindre jusqu'à 5000 kilomètres, est particulièrement remarquable puisque chacun des saumons retourne exactement à l'endroit où il est né. Certaines espèces migrent dans la direction opposée. Les anguilles d'eaux douces pondent leurs oeux dans la baie de Saragosse, à une profondeur d'environ 500 mètres. Des larves translucides éclosent en été et sont transportées par les courants du Golf Stream en direction des côtes Européennes et de l'Amérique du Nord. Après cinq à quinze ans passés dans les eaux douces, elles retournent vers la mer de Saragosse située à quelques 6000 kilomètres de là.

Les crustacés sont aussi des voyageurs. La saison des pluies de l'île Christmas, à l'ouest de l'Australie, est réputée pour la migration des crabes rouges. Une centaine de millions de crustacés trottent vers la côte où ils s'accouplent. Quelques jours avant la pleine lune, la période de reproduction atteint son maximum.

Entre los viajeros legendarios se encuentra el salmón. Los jóvenes salmones maduran en los ríos y arroyos donde han nacido, pero después de unos pocos años, con su camuflaje plateado de pez marino, se dirigen por millones al océano abierto donde se alimentan y crecen. Después de varios años regresan, frezan y mueren. Este viaje, que puede cubrir 5000 kilómetros es especialmente admirable pues cada pez regresa al arroyo donde nació. Otras especies, como la anguila de río, migran en dirección opuesta. Depositan sus huevos en el mar de los Sargazos a unos 500 metros de profundidad. La corriente del Golfo lleva las larvas a playas de Europa y Norte América. De cinco a quince años después de su llegada al agua dulce de ríos continentales, regresan al Mar de los Sargazos, a unos 6000 kilómetros de distancia.

Los crustáceos también viajan. La Isla Christmas en el océano Índico, es famosa por la migración de cangrejos rojos en la estación de las lluvias. Cerca de 100 millones de crustáceos de caparazón escarlata marchan hacia la costa a practicar sus ritos nupciales antes de la luna llena. Tres o cuatro días antes del nacimiento de la nueva luna, la freza alcanza su culminación.

deep water

migration
seabirds

- Black-browed albatross : Migrating birds : Birds in flight
- Albatros aux sourcils noirs : Migration d'oiseaux : Oiseaux en vol
- Albatros de ceja negra : Aves migratorias : Aves en vuelo

Some of the greatest ocean travellers are birds. Clues seabirds use to migrate almost certainly include the position of the Sun, Moon and stars. They may also use the Earth's magnetic field and their sense of smell.

The Wandering Albatross and Royal Albatross, the largest seabirds in the world, spend most of their lives at sea. They travel tens of thousands of kilometres without touching land, sometimes circling the Antarctic continent several times a year, sleeping by roosting on the sea surface. The Wandering Albatross is an excellent exploiter of the winds of the Roaring Forties generated by the cold seas between 40 and 50 degrees south. With a wingspan of more than 3.5 metres (11.5 feet), the albatross is a superlative glider, built for ocean storms. At the opposite end of the scale, Wilson's Storm-petrel is, at only 15 centimetres (6 inches) long, one of the world's smallest seabirds. Nevertheless, it too migrates huge distances, nesting in and around Antarctica but flying as far as California and Labrador for the northern summer.

Les oiseaux sont parmi les plus remarquables voyageurs des mers. Les indices de direction qu'utilisent les oiseaux marins comprennent presque toujours la position du soleil, de la lune et des étoiles. Ils utilisent aussi parfois les champs magnétiques de la terre et leur sens de l'odorat.

L'albatros hurleur et l'albatros royal, qui sont les plus grands oiseaux marins du monde, passent la majeure partie de leur vie en mer. Ils voyagent des dizaines de milliers de kilomètres sans jamais toucher la terre, et certains font même le tour de l'Antarctique plusieurs fois par an. Ils s'arrêtent de temps à autre et se posent sur la surface de la mer. L'albatros hurleur est un explorateur extraordinaire des vents des quarantièmes rugissants qui sont générés par les mers froides situées entre 40 et 50 degrés de latitude Sud. Grâce à ses ailes, d'une envergure de 3,5 mètres et plus, l'albatros est un planeur adapté aux tempêtes en mer. À l'extrême opposé de l'échelle, le pétrel océanite, un des plus petits oiseaux marins, ne mesure que 15 centimètres de long. Lui aussi parcourt de très longues distances lors de sa migration, faisant son nid en Antarctique ou dans les environs, et allant jusqu'en Californie et au Labrador pour suivre l'été de l'hémisphère nord.

Entre los principales viajeros oceánicos están las aves. Las aves marinas migradoras acostumbran a usar la posición del Sol, la Luna y las estrellas como guías para el viaje. También pueden usar el campo magnético de la tierra y su sentido del olor.

El albatros nomádico y el albatros real, las aves marinas más grandes en el mundo, pasan la mayor parte de sus vidas en el mar. Viajan decenas de miles de kilómetros sin tocar nunca tierra, algunas veces volando en círculo alrededor del continente antártico, durmiendo en la superficie del mar. El albatros nomádico utiliza con ventaja los vientos de la zona de tormentas del Atlántico, generados por los mares fríos de entre 40 y 50 grados sur. Con una envergadura de más de 3 metros, el albatros es un planeador superlativo, hecho para las tormentas oceánicas. En el extremo opuesto de la escala, el petrel-tormenta de Wilson, con sólo 15 cm de longitud, es una de las aves marinas más pequeñas. Sin embargo, también migra enormes distancias, anidando en el Antártico y sus cercanías, pero volando hasta California y Labrador en el verano.

deep water

finding food
commuters

- Pteropods or sea butterflies : Lantern fishes : Mixed plankton, copepods, squid from North Atlantic : Tiger shark, Great Barrier Reef, Australia
- Ptéropodes ou papillons de mer : Poissons lanternes : Plancton, copépodes, calmars de

l'Atlantique du nord : Le requin tigre, Great Barrier Reef, Australie
- Pterópodos o mariposas marinas : Peces linterna : Plancton mixto, copépodos, y sepias del Atlántico Norte : Tiburón tigre, Great Barrier Reef, Australia

  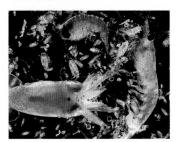

In the sea, as in any environment, there is no such thing as a free lunch: each strategy for feeding entails a compromise between essential nutrition and the cost in energy and danger to an individual or its offspring. Commuter feeders spend the daylight hours deep within the water column where there are fewer predators, then they swim up to the food-rich surface layers at night, when hunters cannot see them. Most of these migrations span just a few hundred metres, but some lanternfish species daily commute more than 1500 metres (nearly a mile) up and down again each way. In relation to their size, some smaller animals make even more remarkable journeys. Two-millimetre (0.008-inch) copepods, the most common planktonic animals, travel 500 metres twice a day. Scale up these distances, and this is equivalent to a human running a marathon before breakfast and another after supper. Evolution has deemed these huge investments in energy worthwhile because they greatly reduce the risk of predation.

Dans la mer comme partout ailleurs, le concept d'un repas gratuit n'existe pas : chaque stratégie pour parvenir à se nourrir est le résultat d'un compromis entre la nécessité, le coût en énergie et le risque encouru par l'individu lui-même ou par une de ses progénitures. Les organismes migrateurs passent leurs journées au fond des colonnes d'eau où les prédateurs sont plutôt rares. Quand vient la nuit, période durant laquelle les chasseurs ne peuvent pas les repérer, ils remontent vers les eaux de surface plus riche en substances nutritives. La plupart de ces mouvements migratoires ne dépassent pas une centaine de mètres. Cependant, certains poissons lanternes font cet aller-retour chaque jour, dépassant parfois les 1500 mètres de profondeur. Certains animaux plus petits font des trajets encore plus étonnants par rapport à leur taille. Les copépodes, le plus abondant des planctons, d'une longueur de deux millimètres, parcourent des distances de 500 mètres à raison de deux fois par jour. Rapportées à l'échelle de l'homme, ces distances équivalent à un marathon avant le petit-déjeûner et la même distance après le dîner. On juge cette évolution adaptée puisque ces incroyables, mais utiles, investissements d'énergie réduisent de beaucoup les risques de prédation.

En el mar como en cualquier otro medio ambiente, no existe tal cosa como una comida gratis: cada estrategia usada con el fin de capturar alimento implica un compromiso entre la nutrición básica y el costo en energía y peligro que supone para el individuo o sus descendientes. Los organismos que viven dentro de la columna de agua, viajando en vertical, pasan la mayor parte del día en las profundidades de dicha columna de agua donde el número de predadores es escaso, y durante la noche nadan hacia las capas superficiales ricas en alimentos, cuando los cazadores no pueden verlos. La mayoría de estas migraciones cubren sólo unos cuantos cientos de metros, pero algunas especies de luciérnagas viajan diariamente más de 1500 metros en ambas direcciones. En relación a su tamaño, algunos animales pequeños hacen viajes aún más extraordinarios. Copépodos de 2 milímetros, el más común de los animales en el pláncton, viajan 500 metros, dos veces al día. Esta distancia, es el equivalente humano de correr una maratón antes del desayuno y otra después de la cena. La evolución ha considerado conveniente estas enormes inversiones de energía porque reducen enormemente el ritmo de depredación.

deep water

filter feeders

- Humpbacks lunge feeding : Crab within featherstar : Basking shark
- Baleines à bosse plongeant pour se nourrir : Crabe au milieu des plumes d'un crinoïde: Requin pèlerin

- Ballenas jorobadas, arremetida alimentaria : Cangrejo entre plumas de mar : Tiburón peregrino

The sea is seasoned with all manner of titbits – fry, plankton, sperm, eggs, bacteria. Many organisms take advantage of these drifting resources by filter-feeding, that is, passing as much water as possible through a straining device and consuming the catch with little expenditure of energy. Crinoids, or feather stars, cling to coral outcrops and spread their tentacles across the current. This strategy is also used by basket stars and sea fans. Basking sharks, whale sharks and manta rays swim slowly through plankton-rich waters with their mouths open. In this way, the blue whale can devour up to three tonnes of krill per day. Plankton, the foundations of marine ecosystems, have a dynamic relationship with filter feeders. The whaling industry this century has reduced the population of blue whales in the Southern Ocean from 100,000 to an estimated 470 individuals. Remove the filter feeders and unchecked multiplication, death and decay of plankton can drain the oxygen from vast volumes of water, with dire effects on oceanic ecology.

La mer est composée de toutes sortes de délices – fretin, plancton, sperme, oeufs, bactéries. Nombres d'organismes profitent de ces ressources à la dérive et se nourrissent grâce à un système de filtration: ils ingurgitent une grande quantité d'eau qu'ils filtrent par une passoire, ce qui leur permet une bonne prise d'aliments, tout en limitant la dépense d'énergie. Les crinoïdes ou les étoiles à plumes s'accrochent aux formations de coraux et étendent leurs tentacules dans les courants. Les étoiles à panier et les éventails de mer utilisent aussi cette stratégie. Les requins pèlerins, les requins-baleines et les raies manta nagent lentement la bouche grande ouverte dans les eaux riches en plancton. Ainsi la baleine bleue peut avaler jusqu'à trois tonnes de krill par jour. Le plancton, qui est la base de l'éco-système marin, a une relation interactive avec les filtreurs. L'industrie de la baleine, au cours de ce siècle, a réduit la population des baleines bleues de l'océan Indien de 100 000 à environ 470 individus. Des conséquences telles que l'absence de filtreurs et la multiplication incontrôlable du plancton pourraient entraîner une réduction d'oxygène dans d'importants volumes d'eau. La mort et la dégradation du plancton pourraient avoir un effet catastrophique sur l'écologie de l'océan.

El mar está repleto de todo tipo de golosinas – pececillos, pláncton, esperma, huevos, bacterias. Muchos organismos se aprovechan de estos recursos a la deriva filtrando su alimento, es decir tragando tanta agua como sea posible a través de filtros o barbas que penden de sus paladares y consumiendo la captura con un gasto de energía mínimo. Crinoideos y estrellas de mar, se fijan a los afloramientos de coral y extienden sus tentáculos en la corriente. Esta estrategia es también usada por las estrellas canasto y abanicos de mar. Tiburones y mantas raya nadan lentamente a través de las aguas ricas en plancton con sus bocas abiertas. De esta manera las ballenas azules pueden devorar hasta tres toneladas de krill por día. El plancton constituye la base de los ecosistemas marinos y tiene una relación dinámica con los organismos filtradores. La industria ballenera, sólo en este siglo, ha reducido la población de ballenas azules en el Océano del Sur de unos 100,000 a 470 individuos. Si se sacara de los mares a todos los seres que se alimentan por filtración, la multiplicación sin estorbo del plancton, su muerte y decadencia podrían agotar el oxígeno de vastos volúmenes de agua, con espantosas consecuencias para la ecología oceánica.

deep water

finding food
specialists

- Deep-sea anglerfish : Viperfish attacking mysids : Deep-sea swallower
- Baudroie des profondeurs : Poisson vipère attaquant les mysidacés : Mangeurs des profondeurs

- Pez ángel de las profundidades : Pez víbora atacando mísidos : Tragador de profundidad

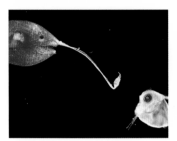 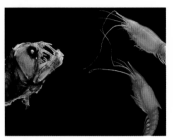 

Predators and prey have spent millions of years in a dance of life and death, each developing ever more efficient and specialised strategies of offense and defence. Energy-saving techniques include that of the cone shell, which shoots toxic harpoons into close-range targets. The snail's poison is so potent that victims die on the spot. From the toxin of the cone shell, scientists are developing a pain killer one hundred times more effective than morphine. Anglerfish dangle worm-like lights above their mouths to lure prey from the darkness. Drifting jellyfish and siphonophores trail semi-transparent tentacles that sting and paralyse. Some species hunt. Barracudas target and stalk their prey at long range before closing in, fast. Dolphins intercept, overtake or out-manoeuvre fish in high-speed chases, sometimes stunning or confusing them with bursts of noise at the last moment. Other species forage. Cuttlefish alternately probe randomly into holes or target individuals, using camouflage to get near. Banded sea snakes rummage their way across reefs, slipping their armoured heads and slim bodies into openings in the coral.

Voici des millions d'années que les prédateurs et les proies sont pris dans un jeux de vie et de mort. Chacun développe des stratégies d'attaque et de défense toujours plus sophistiquées et plus adaptées. En matière d'économie d'énergie, le cône lance son dard venimeux sur ses cibles. Le poison est si puissant que sa victime meurt sur le coup. A partir de la toxine de cet escargot, des scientifiques ont élaboré un analgésique cent fois plus puissant que la morphine. La baudroie laisse pendre de sa bouche des lumières qui s'apparentent à des vers pour attirer ses proies dans l'obscurité. Les méduses dérivant ainsi que les siphonophores font pendre des tentacules semi-transparentes qui piquent et paralysent. Certaines espèces chassent: les barracudas visent et traquent leurs proies sur de longues distances pour enfin se jetter dessus. Les dauphins interceptent, doublent ou coincent les poissons lors de poursuites effrénées, les surprennent ou les déconcertent avec des bruits soudains et violents. D'autres espèces fourragent. La sèche sonde des trous au hasard ou se rapproche de ses victimes en utilisant la technique du camouflage. Les serpents de mer à bandes fouillent les récifs en faisant glisser leur tête blindée et leur corps mince dans les refuges formés par les ouvertures des coraux.

Predadores y presas han pasado miles de años en una danza entre la vida y la muerte, cada uno desarrollando cada vez más eficientes y especializadas estrategias de ofensa y defensa. Entre las técnicas para ahorrar energía está la del caracol cono, que dispara harpones tóxicos a corta distancia. El veneno de estos caracoles es tan potente que la víctima muere instantáneamente. Los científicos han preparado un analgésico con esta toxina que es cien veces más efectiva que la morfina. El rape tienta a su presa con espirales de luz sobre la boca para atraerlas en la oscuridad. Medusas y sifonóforos que viajan a la deriva, emiten tentáculos semitransparentes que punzan y paralizan. Algunas especies cazan. La barracuda elige su objetivo y lo sigue a larga distancia antes de atacar. El delfin intercepta, se adelanta y desarma a los peces en cazas a gran velocidad, algunas veces aturdiéndolos o confundiéndolos con estallidos de sonidos en el último momento. Otras especies hurgan su alimento en el lecho del fondo del mar. La sepia merodea en agujeros o selecciona su objetivo usando camuflaje para aproximarse. La serpiente marina rayada abre camino a través de los arrecifes, deslizando su cabeza blindada y fino cuerpo entre las aberturas de los corales.

- **Deep-sea gulper**
- **Glouton des profondeurs**
- **Engullidor de profundidad**

deep water

predators

- Barracuda attacking baitfish : Octopus parachuting on to prey : Bottlenose dolphin chasing bait : Bigeye trevally form a circle
- Barracuda attaquant un platax : Pieuvre tombant en parachute sur une proie : Dauphin à gros nez chassant sa proie : Carangue vorace formant un cercle
- Barracuda atacando pez bait: Pulpo lanzándose sobre su presa : Delfín persiguiendo cebo : Trevally de ojo grande formando un círculo

Some species have evolved highly sophisticated techniques to locate living food. Sharks, notorious for their ability to hear bathers from a kilometre away and smell blood from further, are also sensitive to the electromagnetic fields leaking from the nervous systems of fish and crustaceans. They can find prey by this means at close range in the mud or pitch darkness. Sensory systems amongst predators that are perhaps better understood include echo-location. Dolphins' sonar is so sophisticated that these mammals are used by the US Navy in military operations including the detection of mines – their sonar can penetrate down to a metre below the seabed. Special organs in the dolphin's head make high-frequency underwater 'clicks' (well beyond our range of hearing) and receive the echoes. Scientists are still learning how dolphins translate these echoes into specific information. However, some of the main purposes are clear: dolphins use their sonar to locate and confuse prey such as tuna, herding the shoal before moving in for the kill.

Certaines espèces ont développé des techniques extrêmement sophistiquées afin de localiser leur proie. Les requins, réputés pour leur capacité à percevoir des baigneurs à un kilomètre à la ronde, peuvent sentir l'odeur du sang au delà de cette distance; ils sont aussi sensibles aux champs électromagnétiques qui proviennent du système nerveux des poissons et des crustacés, ce qui leur permet de trouver leurs proies dans l'obscurité ou dans la boue. On connaît mieux les systèmes sensoriels des prédateurs, comme celui de l'écholocation. Le sonar des dauphins est si sophistiqué que les animaux sont utilisés par la Marine Américaine pour des opérations militaires comme la détection de mines – leur sonar peut pénétrer jusqu'à un mètre de profondeur en dessous du lit de la mer. Des organes spéciaux, situés dans leur tête, leur permettent de percevoir de hautes fréquences (bien au-delà de notre champ auditif) et d'en recevoir des échos. Les scientifiques cherchent toujours à comprendre comment les dauphins décodent ces échos en informations spécifiques. Cependant, pour les dauphins, les objectifs sont clairs: ils utilisent leur sonar pour localiser et troubler des proies comme le thon, et les rassembler en bancs avant d'attaquer et de tuer.

Algunas especies han desarrollado técnicas altamente sofisticadas para localizar alimentos con vida. El tiburone, que es notorio por su capacidad de detectar bañistas a un kilómetro de distancia y oler sangre a distancias aún mayores, son también sensibles a los campos electromagnéticos emitidos por los sistemas nerviosos de peces y crustáceos. De esta manera pueden localizar su presa en el barro o en la total oscuridad. Los sistemas sensoriales más estudiados entre los predadores son los que incluyen la eco-localización. El sonar de los delfines es tan sofisticado, que las criaturas son utilizadas en operaciones militares de la marina de los Estados Unidos para la localización de minas – su sonar puede penetrar hasta un metro de profundidad abajo la superficie del fondo marino. Órganos especiales en la cabeza del delfín emiten un sonido de alta frecuencia bajo el agua (mucho más allá de nuestra capacidad de audición) y reciben el eco. Los científicos aún están aprendiendo cómo los delfines traducen estos ecos en información específica, sin embargo algunos de los principales objetivos están claros. Los delfines usan el sonar para localizar y confundir a sus víctimas como el atún. Luego escuchan el movimiento del banco de peces antes de moverse para matar.

deep water

finding food
scavengers

Every marine ecosystem includes scavengers that are acutely sensitive to the smells and colours of dead and dying things. Just as a rainforest dung beetle can fly to catch faeces in mid air, the deep seabed's giant scavenging amphipods can swim along the plume of carrion's death-scent at a quarter of a kilometre per hour, racing with thousands of others for a share in the meal. Amphipods are the creatures that most often reach corpses first, catching them in their slicing mouth-parts even before they hit the mud. Everything in nature is recyclable – in the ocean the process can happen quickly. In a coral reef, a giant clam that looks off-colour or is slightly too slow to retract its mantle or close its shell will be nibbled by fish. If it can't respond well enough, a feeding frenzy begins, and the clam becomes nothing more than a clam shell in minutes.

Tous les écosystèmes marins comprennent des animaux nécrophages particulièrement sensibles à l'odeur et à la couleur d'organismes morts. Comme le bousier de la forêt tropicale se nourrit de matières fécales qu'il attrape en vol, l'amphipode géant des profondeurs nage à une vitesse de 0,25 kilomètre à l'heure, au milieu de charognes encore fraîches en compagnie de milliers d'autres amphipodes charognards qui partagent le même repas. Les amphipobes sont des créatures qui, saisissent les cadavres à l'aide de leur bouche tranchante, souvents avant même qu'ils n'atteignent le fond. Tout est recyclable dans la nature; ce phénomène s'opère très rapidement dans l'océan. Par exemple, dans un récif de corail, une clam géante qui n'a pas l'air très fraîche ou qui est légèrement trop lente à rétracter son manteau ou à fermer sa coquille sera dévorée par les poissons. Si elle ne réagit pas de manière appropriée, le carnage commencera et, en l'espace de quelques minutes, ce ne sera plus qu'une coquille.

Todo ecosistema marino incluye animales necrófagos que son muy sensibles a olores y colores de la materia muerta o en proceso de descomposición. Así como el escarabajo 'pelotero' de la selva tropical vuela para atrapar heces en el aire, los anfípodos gigantes, rapaces del fondo del mar, pueden nadar siguiendo el olor de la carroña a un cuarto de kilómetro por hora, compitiendo con miles de animales para conseguir una ración de comida. Los anfípodos son las criaturas que más a menudo llegan primero al cadáver, atrapándolo entre sus fauces antes que alcance a tocar el lodo. Todo en la naturaleza es reciclable – en el océano los procesos pueden tener lugar muy rápidamente. En un arrecife de coral, una almeja gigante que se ve enferma, o ligeramente lenta en retraer su manto o en cerrar su concha, será mordisqueada por un pez y si no responde de inmediato será devorada en cuestión de minutos, dejando sólo la concha limpia.

deep water

finding food
parasites

• Cap limpet on blue sea star : Oral disc of sea lamprey : Parasite of salmon

• Patelle sur une étoile de mer bleue : Disque oral d'une lamproie : Parasite de saumon
• Ostión sobre estrella de mar azul : Disco oral de lamprea de mar : Parásito de salmón

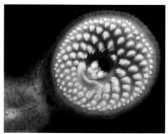

Some species kill and eat the living. Others parasitise the living, and have a vested interest in their continued existence even if it is a weak and painful one. Sabre-toothed blennies pretend to be cleanerwrasse and lure larger fish to their 'cleaning stations', apparently offering friendly services. Once within range, the blenny bites off a chunk of fin or gill, and flees. Slime eels burrow into the bodies of halibut, and lampreys use their rasping sucker mouths to guzzle the skins of salmon. Parasitic isopods include the sea mite, which attaches itself during its larval stage to the skin of fish and feeds on blood and mucus, which it obtains with its sharp jaws.

Every large organism is a mobile ecosystem of smaller ones, whether they are nematodes in the body cavities, larval forms embedded in the muscles waiting for their host to be eaten by another creature, or the diverse array of tiny animals clinging among scales, skin and gill filaments.

Certaines espèces tuent et mangent des êtres vivants. D'autres sont des parasites et ont intérêt à maintenir leurs hôtes en vie, même s'il s'agit d'une existence ralentie ou douloureuse. Les blennies aux dents acérées se font passer pour être des labres nettoyeurs et attirent de gros poissons dans leur station d'épuration, donnant l'impression d'offrir un service. Une fois a portée de tir, la blennie mord un morceau de nageoire ou de branchies, puis s'enfuit. Les anguilles creusent dans le corps des flétans alors que les lamproies utilisent leur bouche aspirante et râpeuse pour se gaver sur la peau des saumons. Les isopodes parasites comprennent les mites de mer qui, durant leur période larvaire, s'attachent à la peau des poissons et se nourrissent de leur sang et de leur mucus qu'elles extraient grâce à leurs mâchoires pointues.

Chaque grand organisme est un écosystème formé de plus petits écosystèmes comme les nématodes dans les cavités du corps, les formes larvaires incrustées dans les muscles en attendant que leur hôte soit lui-même mangé par d'autres créatures, ou encore une série de micro-organismes très variés collés aux écailles, à la peau et aux lamelles de branchies.

Algunas especies matan y comen organismos vivos. Otras parasitan a los vivos y tienen intereses creados en su continua existencia aunque ésta sea débil y dolorosa. Blenios con dientes de sable se hacen pasar por lábridos limpiadores y atraen grandes peces a sus 'centros de limpieza', ofreciendo amistosamente sus servicios. Una vez a su alcance, el blenio muerde un pedazo de aleta o agalla y desaparece. Anguilas del lodo horadan el cuerpo del halibut, y lampreas usan sus ásperas bocas succionadoras para devorar la piel del salmón. Entre los isópodos parasíticos se encuentra la pulga de mar que se adhiere a la piel de los peces en su estado larval y se alimenta de sangre y mucosa que obtiene con sus agudas fauces.

Cada organismo de gran tamaño es un ecosistema móvil de organismos pequeños, ya sean nemátodos en las cavidades del cuerpo, formas larvarias contenidas en los músculos esperando que su anfitrión sea devorado por otra criatura, o un conjunto variado de animales minúsculos asidos a sus escamas, piel y filamentos branquiales.

deep water

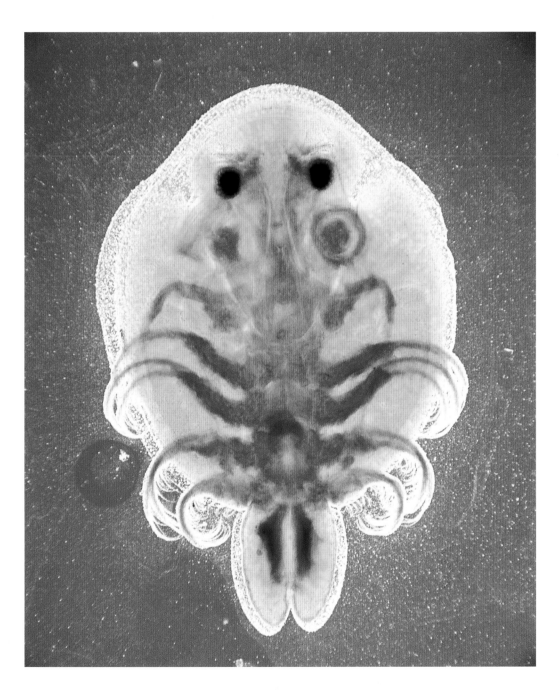

deep water

sex
for the masses

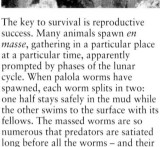

The key to survival is reproductive success. Many animals spawn *en masse*, gathering in a particular place at a particular time, apparently prompted by phases of the lunar cycle. When palola worms have spawned, each worm splits in two: one half stays safely in the mud while the other swims to the surface with its fellows. The massed worms are so numerous that predators are satiated long before all the worms – and their eggs – have been devoured.

Some species, like the sunfish, churn out as many eggs as possible, investing almost nothing in them – laying up to ten million eggs without yolk to feed on. The tiny sunfish larvae must find planktonic food for themselves as soon as they hatch.

Attracting a mate instead of a predator can be tricky. Sometimes even your own species must be dodged. Male anglerfish are snack-sized. Small, active creatures with well-developed eyes and large 'noses', they dodge round and attach themselves to the side of the more sluggish female. Fastened by his teeth, the circulatory systems of the male and female anglerfish gradually merge and he becomes, in effect, her sperm sack.

La clef de la survie est la reproduction. Nombres d'animaux frayent en masse, se rassemblant dans des endroits précis à des périodes particulières qui semblent correspondre à certaines phases du cycle lunaire. Quand les vers palolo ont frayé, chacun des vers se sépare en deux: l'un d'entre eux stationne en sécurité dans la vase alors que l'autre nage vers la surface avec ses compagnons. Les groupes de vers sont si nombreux que leurs prédateurs sont repus bien avant que tous les vers – et leurs oeufs – ne soient dévorés.

Certaine espèces, comme le poisson lune, pondent un maximum d'oeufs pauvres en substances nutritives. En produisant jusqu'à 10 millions d'oeufs sans jaune pour se nourrir, les petites larves de poisson lune doivent alors trouver du plancton aussitôt sorties de leur coquille.

Attirer un partenaire du sexe opposé plutôt qu'un prédateur peut poser un problème. Parfois, même les membres de sa propre espèce sont à fuir. La baudroie mâle est aussi grande qu'un amuse gueule. C'est une petite créature active aux yeux bien formés et au grand nez qui rôde autour d'une femelle léthargique pour enfin s'agripper à elle. Attaché par ses dents, son système circulatoire fusionne avec celui de la femelle dont il devient le sac de sperme.

La clave de la supervivencia se encuentra en el éxito de la reproducción. Muchos peces acuden en masa a frezar en un determinado periodo y lugar, aparentemente incitados por las fases del ciclo lunar. Cuando los gusanos 'palolo' han frezado, se dividen en dos: una mitad permanece a salvo en el lodo mientras la otra nada a la superficie. La concentración de gusanos es tan numerosa que los predadores se sacían mucho antes que la totalidad de ellos, junto con sus huevos, haya sido devorada.

Algunas especies, como el pez sol, frezan casi 10 millones de huevos sin yema de la cual alimentarse. La minúscula larva del pez sol debe encontrar su alimento en el fitoplancton tan pronto como sale del huevo.

Atraer a una pareja en lugar de un predador puede ser complicado. El pez ángel macho es del tamaño de un bocado. Pequeñas y activas criaturas con ojos bién desarrollados y grandes narices, se mueven furtivamente y se adhieren con los dientes al cuerpo de la hembra más perezosa.

Los sistemas circulatorios del macho y la hembra se funden gradualmente en uno y el macho pasa a constituir, funcionalmente, el saco de esperma de la hembra.

special care

- Deep-sea anglerfish larva : Male jawfish brooding orally : Mysid
- Larve de baudroie des profondeurs : Poisson 'à grande bouche' (opistognathe) mâle couvant avec la bouche : Mysidacé

- Larva de pez ángel : Pez mordaza incubando bucalmente : Mísido

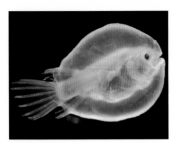 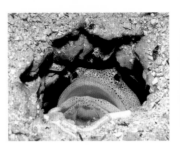 

Even a small amount of care by an adult can greatly improve its offspring's chances of survival. The problem is that any such investment must be paid for by the adult. Thus krill lay heavy, yolky eggs which sink far below surface predators. On hatching, the larvae carry the rich yolks in a long ascent, and are large enough when they reach the surface to be immune to many dangers. The trade-off is that the fecundity of adult krill is a fairly low production of up to a few thousand eggs in a lifetime. Deep-living, brilliant scarlet prawns invest still more, laying just a few tens of large-yolked eggs and carrying them around on their legs until they hatch. This costs the mother prawn much of her mobility. Some fish use their mouths to shelter their larvae, and certain sharks even keep eggs in their bodies until they hatch and then give birth to free-swimming young. Titan triggerfish and many tropical damselfishes go so far as to guard and defend their young. Mostly though, a marine organism is on its own from the moment that the egg from which it will grow is fertilised and left drifting with the plankton or stuck to a rock or piece of seaweed.

Un minimum d'attention des parents peut grandement accroître les chances de survie de leurs progénitures. Cependant, c'est à l'adulte de faire un tel effort. Ainsi, le krill pond des oeufs lourds et riches en vitellus qui tombent vers le fond, loin des prédateurs de surface. Une fois écloses, les larves, qui portaient ce vitellus, acquièrent une taille suffisamment importante pour pouvoir parer aux plus grands dangers lorsqu'elles remontent à la surface. En revanche, un krill adulte ne peut pondre qu'un nombre limité d'oeufs. Les magnifiques crevettes écarlates, qui vivent dans les profondeurs, investissent encore plus d'énergie et ne pondent pas plus d'une dizaine d'oeufs, chacun doté d'un large vitellus; les mères, qui les portent sur leurs pattes jusqu'à éclosion, sont ralenties dans leurs mouvements. Certains poissons utilisent leur bouche pour protéger leurs larves; certains requins gardent même les oeufs à l'intérieur de leur corps jusqu'à la naissance de bébés nageurs. Le baliste Titan et nombre de demoiselles tropicales protègent et défendent leurs petits. D'une manière générale, un organisme marin doit se protéger dès l'instant où l'oeuf, duquel il provient, est fertilisé et abandonné à la dérive au milieu du plancton, ou encore retenu à un rocher ou une algue.

Con un mínimo de atención, un adulto puede incrementar enormemente las probabilidades de vida de su progenie. El problema es que una inversión de este tipo tiene un precio para el adulto. Por ejemplo el krill produce huevos pesados y con mucha yema que descienden rápidamente a las profundidades lejos del alcance de los predadores en la superficie. Al salir del huevo, la larva asciende llevando con ella la rica yema y es lo suficientemente grande cuando llega a la superficie para protegerse de los peligros. La desventaja es, que un krill adulto puede poner sólo unos cuantos cientos de huevos durante su vida útil. Los brillantes camarones escarlata de las profundidades, lo pagan todavía más caro, con sólo unas decenas de huevos de grandes yemas que la hembra lleva entre sus patas hasta que la larva sale del huevo perdiendo gran parte de su movilidad. Algunos peces protegen sus larvas dentro de sus bocas y hay algunos tiburones que llevan los huevos en su cuerpo hasta que nacen los pequeños. El pez gatillo Titán y muchos peces doncella tropicales van más lejos todavía protegiendo y defendiendo sus jóvenes vástagos. Sin embargo, la mayoría de los organismos marinos se encuentran solos desde el momento en que el huevo es fertilizado y queda flotando en el plancton o pegado a una roca o pedazo de alga.

- **Swell shark embryo**
- **Embryon de rousette**
- **Embrión de tiburón espadón**

sex
for hermaphrodites

- **Rainbow wrasse : Giant humphead wrasse : Eye of bluechin parrotfish**
- **Girelle commune : Napoléon : Oeil de poisson perroquet**
- **Lábrido arcoiris : Lábrido gibado gigante : Ojo de pez papagayo barbazul**

  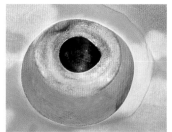

Many species are hermaphrodite and some individuals are even able to fertilise their own eggs. Very few species do without sex entirely, but some animal groups, like the gelatinous salps, do alternate between sexual and asexual reproduction. They are so successful that some net hauls contain nothing but jelly. Sex changes are common. Most of the colourful wrasses and parrotfish, for example, begin their lives as dull-coloured males or females. A number of females, however, are able to change sex to become brilliantly patterned males and then supermales which dominate all other males and unchanged females. The changeling males spawn with a long series of chosen female partners; the other males may only spawn randomly in large groups, and so have far less chance of passing on their genes. The goby is so slow-moving that finding a mate might be hard, except for the fish's ability to change sex on meeting a fellow goby on a reef. Some flatworms off eastern Australia fence with their penises to determine who should be the female – the loser is injected with the victor's sperm.

Nombre d'espèces sont hermaphrodites et certains individus fécondent leurs propres oeufs. Peu d'espèces peuvent se reproduire sans copuler, mais certains d'animaux, comme les salpes gélatineux, alternent la reproduction sexuée ou asexuée. Ils sont si bien adaptés que certains coups de filet ne contiennent que de la gelée. Le changement de sexe est courant. La plupart des labres multicolores et des poissons perroquets sont au départ des mâles ou des femelles aux couleurs fades. Cependant, un grand nombre de femelles parviennent à changer de sexe; elles se transforment alors en mâles dont les motifs sont éclatants puis, en supermâles, dominant ainsi tous les autres, y compris les femelles qui n'ont pas subi de mutation. Ces mâles, qui ont changé de sexe, frayent avec une série de femelles qu'ils choisissent. Les autres mâles copulent en groupes importants sans choisir et ont, par conséquent, moins de chance de transmettre leur gènes. Le gobie se déplace si lentement qu'il lui est parfois difficile de trouver un partenaire, sauf s'il change de sexe lors de sa rencontre avec un autre gobie. Certains plathelminthes, dans la région est de l'Australie, s'affrontent dans une partie d'escrime en utilisant comme arme leur sexe afin de determiner lequel d'entre eux sera la femelle. Le perdant se voit injecté le sperme du vainqueur.

Muchas especies son hermafroditas y algunos individuos son incluso capaces de fertilizar sus propios huevos. Muy pocas especies pueden reproducirse sin sexo, pero algunos grupos de animales, como las salpas gelatinosas, alternan entre reproducción sexuada y asexuada. Son tan exitosas que algunas redes de pescadores contienen solo gelatina. Cambios de sexo son comunes. La mayoría de los lábridos y el peces papagayo por ejemplo, empiezan sus vidas como machos o hembras sin mayor colorido. Cierto número de hembras sin embargo son capaces de cambiar de sexo y convertirse en machos brillantemente coloridos y después en supermachos, que dominan al resto de los machos y hembras. Estos supermachos se aparean con una larga serie de hembras de su elección. El resto de los machos se aparean al azar en grandes grupos y por lo tanto tienen menos posibilidades de traspasar sus genes. El gobio enano es tan lento para movilizarse, que tendría grandes dificultades para encontrar una pareja, excepto por la capacidad de este pez de cambiar de sexo cuando se encuentra con una pareja en el arrecife de coral. Algunas lombrices planas en la costa oriental de Australia esgrimen con sus penes para decidir quien será la hembra y el perdedor es inyectado con la esperma del vencedor.

- **Penis-fencing flatworms**
- **Plathelminthes**
- **Lombrices planarias**

for hermaphrodites

deep water

staying alive
camouflage

- **Stonefish : California green morays : California halibut**
- **Poisson-faucon : Murène verte de Californie : Flétan de Californie**
- **Pez halcón rojo : Morenas de California : Halibut de California**

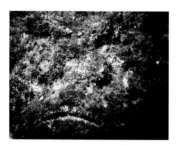

Staying alive is naturally a priority. Camouflage is a popular method. Ocean fish are commonly silvery and reflective, which is wonderfully effective. Just as a vertical mirror is hard to see in the sea's special light conditions, so too are fish with mirror-like surfaces. Reef inhabitants such as stonefish, crocodile-fish and scorpion-fish have hairy growths and mottled colourings that enable them to blend almost perfectly with their coral background. Flatfish including flounders can merge indistinguishably with sand or mud habitats. Many adults adapt the colour of their upper side to match that of the sea floor. The large-brained cuttlefish and octopus are among the most effective artists of camouflage in the sea. The whole lineage of cephalopod molluscs to which they belong is adept at expanding and contracting pigmented cells in their skins to yield a marvellous range of colours and patterns. Since they can also change the texture of their skins, making them smooth or rough as appropriate, they can imitate almost any background.

Rester en vie est, bien entendu, la priorité. Le camouflage est une méthode très pratiquée. Les poissons de plein océan sont souvent argentés et réflectifs, ce qui est très efficace. Il est tout aussi difficile de voir dans un miroir, étant donné la luminosité particulière de la mer, que de repérer les poissons réflectifs. Les poissons-crocodiles et les poissons-scorpions, qui habitent dans les récifs, ont des parties velues et bigarrées qui leur permettent de se confondre presque parfaitement avec les coraux. Parmi les poissons plats, il y a le flet qui se confond avec le sable ou la vase. Beaucoup de poissons adultes adoptent la couleur du fond marin sur leur dos. La sèche au cerveau gigantesque et la pieuvre sont les maîtres du camouflage. Toute la lignée des mollusques céphalopodes, à laquelle elles appartiennent, ont un système épidermique permettant l'extension et la rétraction de leurs cellules pigmentées, révélant ainsi une palette de couleurs et de motifs extraordinaires. Elles ont aussi la faculté de rendre la texture de leur peau plus douce ou plus rugueuse, ce qui leur permet d'imiter tous les types de fonds.

Permanecer vivo es naturalmente una prioridad. El camuflaje es uno de los métodos más populares. Los peces en el océano son generalmente plateados y reflectantes, lo que es maravillosamente efectivo. Así como los espejos verticales son difíciles de ver con las condiciones especiales de luz que hay en el mar, así también sucede con los peces que tienen la superficie de su cuerpo como un espejo. Los habitantes de los arrecifes tales como el pez cocodrilo y el pez escorpión presentan colores homogéneos con el medio que les permite fundirse en el fondo de coral. Los peces planos, incluyendo las platijas, se hacen casi invisibles en los hábitats de arena y lodo. Muchos adultos adaptan el color de su lado superior para que coincida con el del fondo del mar. La sepia de cabeza grande y los pulpos se encuentran entre los más efectivos artistas del camuflaje en el mar. Todo el linaje de moluscos cefalópodos es adepto a expandir y contraer células pigmentadas en sus pieles para producir toda una escala de colores y estampados. Como también pueden cambiar la textura de su piel convirtiéndola en suave o áspera según sea apropiado, pueden imitar casi cualquier fondo.

- **Longsnout flathead fish**
- **Poisson-feuille**
- **Pez chato picudo ó pez cocodrilo**

staying alive
looking fierce

- **Balloon fish : Masked pufferfish : Zebra octopus : Lionfish**
- **Poisson-lune : Poisson-globe masqué : Pieuve zébrée : Poissons-lions**
- **Pez erizo : Tamboril enmascarado : Pulpo zebra : Peces escorpión**

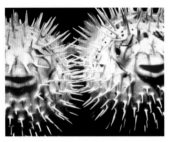  

Looking scary can get rid of predators. When threatened, pufferfish suck up water and swell to twice their size to give a more frightening appearance. In addition, they store a deadly poison, tetraodotoxin, in their gonads and liver. In Japan pufferfish is a delicacy, but even a trace of the poison can kill: several people die every year as a result. One of the pufferfish family, the spiny balloonfish, has distinctive long spines as well and these become erect when the balloonfish is inflated. The spiny balloonfish swims slowly near the bottom of seagrass meadows, mangrove pools and reefs, where its colouring blends with the surroundings. Some lionfish have large eye-spots on fins that they can erect quickly and in so doing buy themselves time should the predator hesitate on seeing an apparently much larger creature. It also means that if the predator bites them, they bite the tail or dorsal fin and not the head.

Adopter un air féroce est aussi un moyen de repousser ses prédateurs. Sous la menace, les poissons-globes se gonflent d'eau et doublent de volume, ce qui leur donne une apparence effrayante. Ajouté à cela, ils possèdent un poison mortel, appelé tétradontoxine, qui se trouve dans leurs gonades et leur foie. Au Japon, le poisson-globe est un met délicat, mais une seule trace de son poison peut être mortelle – chaque année, on compte des victimes. Le poisson-ballon épineux, qui fait partie de la famille des poissons-globes, possède de longues épines qui s'érigent lorsque l'animal est gonflé d'eau. Il possède la faculté d'harmoniser ses couleurs avec son environnement, que ce soient les prairies couvertes d'herbes marines, les récifs de coraux ou les palétuviers. Certains poissons-lions sont dotés de grands yeux sur leurs nageoires. Ils les utilisent pour gagner du temps sur leurs prédateurs qui s'imaginent, l'espace d'un instant, avoir à faire à une créature de bien plus grande envergure. De plus si les prédateurs les attaquent, ils mordent leur queue ou leurs nageoires mais pas leur tête.

Infundir miedo ayuda a deshacerse de los predadores. Cuando es amenazado, el pez erizo absorbe agua aumentando del doble su tamaño lo cual supone una apariencia aterradora. Además almacenan un veneno mortal, tetraodotoxin, en las gonadas y el hígado. En Japón, el pez erizo es una plato selecto, pero sólo una minúscula traza del veneno puede matar. Varias personas mueren anualmente como resultado. En la familia del pez erizo se encuentra el pez globo que tiene además largas espinas que lo caracterizan. Ellas se levantan cuando el pez globo se infla. El espinoso pez globo navega lentamente cerca del fondo de praderas marinas, charcos de manglares y arrecifes de coral donde su colorido se funde con el de los alrededores. Algunos peces escorpión tienen dibujados ojos en las aletas. Al levantarlas rápidamente hacen vacilar a su adversario, el cual cree estar delante de un pez de gran tamaño. Esto supone una doble ventaja pues el depredador atacará mordiendo su aleta pero jamás su cabeza real.

staying alive
with shells

- Black-spotted cowrie : Three-coloured top shell : Nautilus shell : Hermit crab
- Porcelaine à pois noirs : Escargot tricolore : Nautile : Bernard-l'ermite
- Porcelana : Caracol de tres colores : Concha de Nautilus : Cangrejo hermitaño

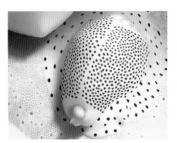

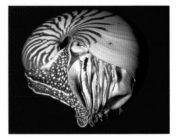

Some forms of marine life create shells as armour. Shells consist mainly of calcium carbonate, a mineral present in seawater (although the shells of some plankton are also made of silica). Hermit crabs are found in shallow coastal waters throughout the world, but especially amongst coral. Rather than manufacturing its own shell, the soft-bodied hermit crabs finds and wears one that has been discarded. Hermit crabs often share their homes with opossum shrimps and their young – the shrimps may help to keep the shell clean. As well as offering protection, shells can help with mobility. The nautilus, which commutes between deep water and the surface, controls its buoyancy by regulating the proportions of gas and water in special chambers in its shell. At some 500 million years old, it is one of the most primitive creatures in the sea today.

Certains animaux marins se créent une coquille en guise d'armure. Les coquilles sont principalement faites de carbonate de calcium, un minéral que l'on trouve dans l'eau de mer (les coquilles d'un certain type de plancton sont aussi constituées de silice). Un peu partout dans le monde, les bernard-l'ermite vivent dans des eaux peu profondes et, en particulier, dans les coraux. Plutôt que de fabriquer leur propre coquille, ces crabes au corps souple font usage de celles qu'ils trouvent. Les bernards-l'ermite partagent souvent leur maison avec les crevettes opossum et leur progéniture – les crevettes aidant à maintenir la coquille propre. Les coquilles servent à s'abriter, mais aussi à se déplacer. Le nautile, qui fait le va-et-vient entre le fond et la surface, contrôle sa flottabilité en ajustant les proportions d'eau et de gaz situées dans des chambres spéciales de sa coquille. Agé de plus de 500 millions d'années, c'est aujourd'hui l'organisme marin le plus primitif.

Algunas formas de vida marina construyen conchas para protegerse. Las conchas estan compuestas principalmente de carbonato de calcio, un mineral presente en el agua de mar (aunque las conchas de algunos organismos planctónicos son tambien de sílice).

Los cangrejos hermitaño se encuentran en las aguas costeras poco profundas de todo el mundo, pero especialmente en los corales. En lugar de fabricar su propia concha, el suave cuerpo del cangrejo hermitaño encuentra y usa las que han sido deshechadas. Ellos comparten a menudo su hogar con los camarones zarigueya y sus vástagos, quienes ayudan a mantener la concha limpia. Así como ofrecen protección, las conchas ayudan también a la movilidad. El nautilo, que viaja permanentemente entre las aguas profundas y la superficie, controla su ascenso regulando la cantidad de agua y gas en las cámaras especiales que presenta dentro de su concha. Con 500 años de antiguedad, es una de las criaturas marinas más primitivas de hoy en día.

deep water

deep water

the perfect marriage

- Anemonefish puts head inside host anemone's mouth : Spanish dancer
- Poisson-clown, la tête dans la bouche d'une anémone : Danseur espagnol
- Pez anémona poniendo su cabeza en la boca de la anemona huésped : Bailarina española

As well as the fight for survival, there is an extraordinary amount of co-operation among ocean dwellers. For example, every coral species, as well as many other reef dwellers, maintains a symbiotic relationship with microscopic algae called zooxanthellae. The zooxanthellae give the coral polyps – their animal hosts – oxygen and some organic compounds produced by photosynthesis. In return, the coral polyps give the zooxanthellae protection, carbon dioxide and a structure on which to grow.

Anemone fish and some species of shrimp gain protection from anemones. Immune to their stings, they live within the tentacles, safe from predators while the anemone benefits from food dropped by its lodgers. Some anemone shrimps are known as 'cleaner' shrimps because they feed on fish mucus and in so doing remove parasites and bacteria. This type of shrimp is very common in the Indo-Pacific region. To attract fish to its 'cleaning station', it sits on the anemone, swaying and waving its antennae. From its perch, the shrimp 'services' a succession of different fish, nibbling over their bodies in turn.

La lutte pour la survie est tout aussi courante que le phénomène d'entraide parmi les habitants des océans. Par exemple, toutes les espèces de coraux, ainsi que nombre d'autres habitants des récifs, maintiennent une relation symbiotique avec des algues microscopiques appelées zooxanthelle. Celles-ci donnent aux polypes de coraux, leurs hôtes d'accueil, de l'oxygène et quelques composantes organiques produites par photosynthèse. En retour, les polypes de coraux protègent la zooxanthelle, lui donne du dioxyde de carbone ainsi qu'une structure dans laquelle elle peut se développer.

Le poisson-clown et d'autres espèces de crevettes sont protégés par les anémones. Immunisés contre leurs piqûres, ils vivent au milieu de leurs tentacules, à l'abri des prédateurs.

De son côté, l'anémone profite de la nourriture que lui laissent ses locataires. Certaines crevettes-anémones sont appelées nettoyeurs car elles se nourrissent de la muqueuse des poissons, les débarrassant ainsi de leurs parasites et de leurs bactéries. On trouve ce type de crevettes, en particulier, dans la région des océans Indien et Pacifique. Afin d'attirer les poissons dans leurs stations de nettoyage, les nettoyeurs s'installent sur les anémones, balançant des antennes de part et d'autre. Les crevettes effectuent le nettoyage de différents poissons, grignotant sur le corps de ses derniers.

Así como hay lucha por la supervivencia, hay también una extraordinaria colaboración entre los habitantes del océano. Por ejemplo, cada especie de coral, así como muchos otros habitantes de los arrecifes, mantiene una relación simbiótica con un alga microscópica llamada zooxantela. Esta alga proporciona a los pólipos del coral y a sus huéspedes, oxígeno y algunos componentes orgánicos producidos mediante fotosíntesis. Los pólipos del coral le dan a cambio protección, dióxido de carbono y una estructura dentro de la cual crecer.

El pez anémona y algunas especies de camarón obtienen protección de las anémonas. Inmunes a sus picadas, ellos viven entre sus tentáculos, a salvo de los predadores mientras que la anémona se beneficia de la comida que deshechan sus huéspedes. Algunos camarones anémona son conocidos como camarones 'limpiadores' porque se alimentan de las mucosas de los peces y al hacerlo eliminan parásitos y bacterias. Este tipo de camarón es muy común en la región Indo-Pacífica. Para atraer peces a sus 'centros de limpieza', se instalan sobre la anémona sacudiendo y ondulando sus antenas. Desde esta posición elevada, el camarón presta 'servicio' a gran variedad de peces, mordisqueando a cambio toda su superfície corporal.

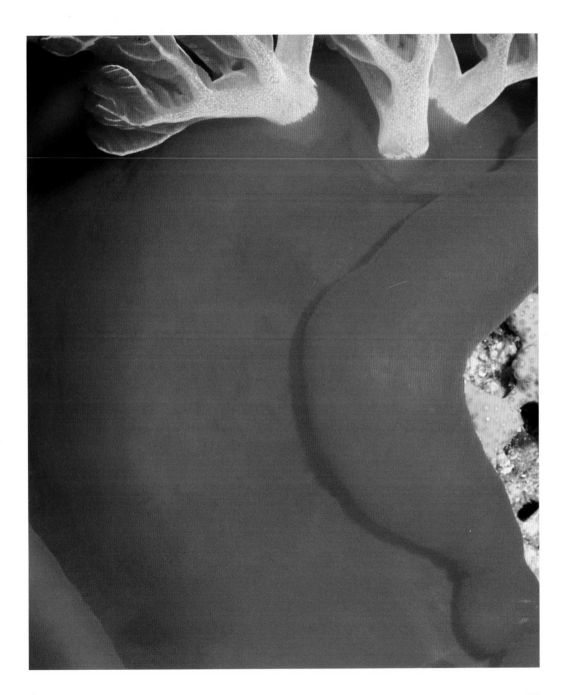

deep water

at the edge
kelp forests

- Blue rockfish : Grey whale : Harbor seal
- Poisson bleu de roche : Baleine grise : Phoque commun
- Pez roca azul : Ballena gris : Foca de bahía

Wild kelp forests support diverse communities, growing in spring and dying back in winter. The fastest-growing of these algae (growing at a rate of up to 13 mm per day) are taller than some of the highest trees on land. In the cooler parts of the Pacific, kelps reach gigantic proportions, their branching stems, or 'stipes', extending for 30 metres (100 feet) or more.

Environments of kelp can resemble underwater forests in which the kelps are the 'trees', and the fish and marine mammals are the 'birds'. In the 'branches' and among the 'roots' live distinct communities of animals. For example, the branching holdfasts of horsetail kelps form arched columns which are home to mussels, sea-squirts, starfish and urchins which graze on the algae. Wolf-eels lurk below. The kelp blades are colonised by lacy, plant-like animals called bryozoans and by a multitude of tiny microorganisms. Schools of fish like blue rockfish slip between the 'fronds' or leaves, and grey whales sometimes pass through.

Les forêts de varech sauvage abritent plusieurs communautés. Le varech pousse au printemps et meurt en hiver. C'est l'algue qui croît le plus rapidement (avec une croissance de 13 mm par jour); sa taille dépasse parfois les arbres terrestres les plus hauts. Dans les régions plus froides du Pacifique, le varech atteint des proportions gigantesques, son tronc ou ses stipes pouvant s'étendre jusqu'à 30 mètres et plus.

Les régions propices au varech ressemblent à des forêts sous-marines où le varech s'apparente à des arbres et les poissons et autres mammifères marins à des oiseaux. Différentes communautés d'animaux vivent dans ses branches et dans ses racines. Par exemple, le varech filamenteux, aux extrémités ramifiées, forme des colonnes arquées; les moules, les ascidies, les étoiles de mer et les oursins, qui se nourrissent d'algues, s'y abritent. Les anguilles-loups occupent la partie inférieure du varech. Les bryozoaires, petits animaux qui ressemblent à des plantes dentelées, vivent aux extrémités des branches, parmi une multitude de micro-organismes. Des bancs de poissons, comme les poissons bleus de roche, se glissent entre les frondes et les feuilles à travers lesquelles se faufilent parfois les baleines grises.

Los bosques de kelpos silvestres mantienen una variedad de comunidades que crecen y se multiplican en primavera y mueren en el invierno. Estas algas presentan la mayor tasa de crecimiento de su grupo (13 mm por día); superan en altura a los árboles más altos. En las zonas mas frías del Pacífico, los kelpos alcanzan proporciones gigantescas, sus ramificaciones se extienden más de 30 metros.

El hábitat del kelpe se semeja a una selva bajo el agua, donde los kelp son los 'árboles' y los peces y mamíferos marinos son las 'aves'.
En las 'ramas' y entre las 'raíces' viven distintas comunidades de animales. Por ejemplo las ramas entrelazadas del kelp cola de caballo, forman columnas arqueadas donde viven mejillones, estrellas de mar y erizos que se alimentan del alga. Anguilas lobo merodean más abajo. Las hojas del kelp son colonizadas por unos animales parecidos al musgo llamados briozoos y por una multitud de minúsculos microorganismos. Cardúmenes de peces tales como el pez roca azul se deslizan entre el follaje donde a veces pasan también las ballenas grises.

deep water

deep water

coral reefs

Coral reefs are among the largest and oldest living communities of plants and animals on Earth, having evolved between 200 and 450 million years ago. They are made up of tiny animals called polyps that belong to the phylum Cnidaria, a group that includes sea anemones, jellyfish and hydroids. A coral reef is the mass of rock that a living mantle of polyps lays down. Some islands, like Barbados, are built wholly out of coral.

Near the sea's surface are 'hermatypic' corals. These have a symbiotic relationship with photosynthetic algae, zooxanthellae, which live in their tissues and provide the polyps with energy. The surplus energy is used to build protective skeletons for themselves and their colonies out of calcium carbonate or limestone. Coral polyps, resembling small anemones, build in a variety of shapes and sizes, from huge tower blocks to prickly antlers. These colourful structures support a wide range of species.

Deep-water corals, away from the sunlight, have much slower growth rates. Shallow or deep, though, they make fertile breeding grounds. As well as protecting coasts from erosion, coral reefs replenish plankton and fisheries for hundreds of kilometres around.

Les récifs de coraux ont évolué il y a 200 à 450 million d'années et appartiennent aux communautés vivantes les plus anciennes et les plus importantes de la planète.

Constitués de petits animaux appelés polypes, ils appartiennent au phylum des cnidaires, qui comprend les anémones de mer, les méduses et les hydrozoaires. Un récif de corail est une masse de roche calcaire sur laquelle repose une couche vivante de polypes. Certaines îles, comme la Barbade, sont entièrement constituées de corail.

A la surface de la mer, on trouve des coraux hermatypique qui ont une relation symbiotique avec les zooxanthelles. Cette algue photosynthétique vit dans les tissus des coraux et apporte de l'énergie aux polypes. Une partie de cette énergie sert a construire le squelette protecteur, à partir de carbonate de calcium et de calcaire. Les polypes de coraux, qui s'apparentent à de petites anémones, élaborent des constructions très variées, allant de la tour immense à de minuscules ramures. Ces structures colorées abritent une grande variété d'espèces.

Loin de la lumière solaire, les coraux des fonds des mers ont un développement plus lent. Ces structures rocheuses sont dew oasis de vie au milieu de l'océan. Les récifs de coraux protègent les côtes de l'érosion et regorgent de plancton et de poissons.

Los arrecifes de coral se encuentran entre las más grandes y antiguas comunidades vivientes de plantas y animales; aparecieron entre 200 y 450 millones de años atrás. Están compuestos por minúsculos organismos llamados pólipos que pertenecen al Filum Cnidaria. Un arrecife de coral es la masa rocosa que ha quedado de la actividad vital de una capa de pólipos.

Cerca de la superficie están los corales 'hermatypic' que viven en relación simbiótica con el alga fotosintética zooxantela, que vive en sus tejidos y provee a los pólipos de energía. La energía sobrante se usa para construir esqueletos protectores de carbonato de calcio o piedra caliza para ellos y sus colonias. Los pólipos del coral, que se asemejan a pequeñas anémonas, realizan construcciones con gran variedad de formas y tamaños, desde inmensas torres a intrincadas cornamentas. Estas estructuras multicolores mantienen una gran variedad de especies.

Los corales de aguas profundas, lejos de la luz del sol, tienen una tasa de crecimiento mucho menor. Superficiales o profundas, estas estructuras proporcionan una base fértil para la reproducción. Al mismo tiempo que protegen las costas contra la erosión, los arrecifes de coral reaprovisionan de plancton y peces por cientos de kilómetros a su alrededor.

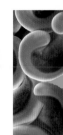

at the edge
rocky coasts and sea cliffs

• Atlantic Puffins: Handa Island, Scotland : Sand martin
• Macareux de l'Atlantique : Ile Handa, L'Ecosse : Hirondelle de rivage
• Pinguinos del Atlántico : Isla Handa, Escocia : Martín pescador de las arenas

As durable as they may look, rocky coasts and sea cliffs are endlessly battered by waves, water and wind. A time-lapse film over millions of years would show the hard edges of islands and continents dissolving like sugar cubes in hot tea. But for generations of breeding birds, rocky coasts and sea cliffs are permanent enough.

At the top of the cliff edge, puffins and shearwaters nest in burrows by night and deep-dive for fish by day. On the cliff face, fulmers nest on sparsely vegetated ledges. Below them, guillemots exposed on bare, rocky ledges are neighbours to the razorbills sheltered by boulders and crevices. About 20 to 50 feet (7 to 16 metres) above sea-level, precarious sites are occupied by kittiwakes, which, like the fulmers above them, feed on surface-swimming fish. At the cliff foot – submerged at high-tide – periwinkles graze on algae and crabs scavenge sea-scraps, themselves in danger of becoming a meal to the birds which fly above.

Rock pools are adorned with elegant plumose anemones next to fiercely clinging starfish and purple urchins competing for footholds with chitons and limpets. Blue-black mussels cluster; dog-whelks, their predators, nestle in rocky hollows. Seaweeds grow anywhere they can, providing a moist, sheltering blanket for other organisms when the tide is out. The diversity of species is rich.

Aussi éternelles qu'elles puissent paraitre, les cotes rôcheuses ainsi que les falaises sont battues en permanence que les vagues, l'eau el le vent. Cependant, pour les générations d'oiseaux, durant leur saison d'accouplement, ces côtes rocheuses et falaises sont suffisamment stables.

Au sommet de la falaise, les perroquets des mers et les macareux font leur nid dans les crevasses durant la nuit et pêchent pendant la journée. Sur la paroi de la falaise, les fulmars nichent sur des vires à la végétation dense. Lus bas, les guillemots s'installent sur des vires rocheuses à ciel ouvert, tout près des petits pingouins qui s'abritent dans les fents et les rochers. Les tridactyles occupent des emplacements précairs et, comme les fulmars, se nourrissent de poissons nageant à la surface de l'eau. Au pied de la falaise, les bigorneaux se nourrissent d'algues. Quant aux crabes, en danger être la proie des oiseaux qui tournoient au-dessus, ils se régalent des ordures de la mer.

Les mares entre les rochers sont ornés d'élégantes anémones plumeuses à côté des étoiles de mer et des oursins violets qui se disputent le terrain avec les chiltons et les patelles. Les moules se tiennent entre elles, tandis que leurs prédateurs font leur nid dans les trous des rochers. Les algues possent partout où cela leur est possible, offrant une couverture à d'autres organismes en période de marée basse. La diversité des espèces est extraordinaire.

Aunque parezcan eternal, las costas rocosas y acantilados son constantemente modificadas por el golpe de las olas, el viento y el agua. Una película que cubriese un arco de tiempo de millones de años, enseñaría las costas rocosas de los continentes disolviéndose como un cubo de azúcar en una taza de té caliente.

En las alturas de los acantilados, frailecillos y pardelas anidan durante la noche y durante el die bucean en las profundidades del mar su ración diaria de peces. Más abajo, araos expuestos en las desnudas salientes rocosas son vecinos de las algas que se protegen en los cantos y hendeduras. Entre los 7 y 16 metros sobre el nivel del mar, las gavinas se estacionan en precarios nichos alimentandose de peces que nadan en la superficie. Al pie del acantilado - sumergido durante la marea alta – litorinas se alimentan de algas y cangrejos buscan su comida entre los desechos del mar.

Elegantes anemones de graciles tentáculos adornan las charcas entre las rocas junto a los erizos purpuras y estrellas de mar, compitiendo el espacio con quitones y lapas. Mejillones azúl oscuro se arraciman, protegiendose de sus predadores ocultos en los huecos de las rocas, mientras algas crecen por doquier.

deep water

mangroves

• Barracuda : Long-necked turtle : Young musk turtle : Mangrove, Daintree river, Australia
• Barracuda : Tortue au long cou : Jeune tortue musquée : Mangrove, rivière de Daintree, Australie

• Barracuda : Tortuga de cuello largo : Tortuga almizclera joven : Manglar, Río Daintree, Australia

Mangroves are amongst the most productive ecosystems on Earth even though they provide such difficult, salty conditions for the plants that help hold them together. In mangroves – shore areas that are tidally flooded – the saline mud is bound by tangled masses of roots of trees and other woody vegetation. These nutrient-rich swamps provide safe havens in which adult and larval organisms can feed and breed. Species include oysters, shrimps, crabs, sponges, jellyfish and many indigenous fish. In terms of productivity, a hectare of mangrove can generate each year about 100 kilogrammes of fish, 20 kilogrammes of shrimp, 15 kilogrammes of crabmeat, 200 kilogrammes of mollusc and 40 kilogrammes of sea cucumber.

Many species, ranging from crustaceans to deep-ocean sharks, spend their early lives in the relatively safe haven of the mangroves.

On some coral reefs, it is estimated that more than 70 per cent of species have spent, or will spend, part of their lives in mangroves. Mangroves also serve to keep mud and silt from washing on to and suffocating coral reefs, and they can protect inland areas from flooding.

Les forêts de palétuviers font partie des éco-systèmes les plus productifs de la planète, même s'ils présentent des conditions de salinité et difficiles pour les plantes qui leur permettent de maintenir un équilibre. Dans les palétuviers, que l'on trouve sur des rivages régulièrement inondés par les marées, la vase saline est mêlée à un nombre extraordinaire de racines d'arbres et autre végétation similaire. Ces marécages, riches en substances nutritives, sont un paradis pour les organismes adultes et larvaires qui s'y nourrissent et s'y reproduisent. Ces espèces comprennent les huîtres, les crevettes, les crabes, les éponges, les méduses et d'autres poissons indigènes. Un hectare de palétuvier peut produire, chaque année, jusqu'à 100 kilogrammes de poisson, 20 kilogrammes de crevettes, 15 kilogrammes de crabes, 200 kilogrammes de mollusques et 40 kilogrammes de concombres de mer. Les palétuviers abritent, au début de leur vie, des espèces allant du crustacé au requin des océans.

Dans certains récifs de coraux, on estime que 70 pour cent des espèces qui y vivent ont passé, ou passeront, une partie de leur vie dans les palétuviers. Ces derniers protègent les récifs de coraux des coulées de vase et de limon, qui menacent de les étouffer, et limitent les risques d'inondations des terres.

Los manglares constituyen uno de los ecosistemas más productivos de la tierra, aun cuando ofrecen difíciles condiciones de vida a las plantas que los mantienen unidos, debido a la salinidad (muy alta). En los manglares – areas costeras que son inundadas por las mareas – el lodo salino está rodeado por un entretejido de raíces y vegetación leñosa. Estos pantanos ricos en nutrientes proveen refugio a organismos adultos y larvas, donde pueden procrear y alimentarse a salvo. Estas especies incluyen ostras, camarones, cangrejos, esponjas, medusas y muchos otros peces locales. En términos de productividad, una hectárea de manglar puede generar cada año aproximadamente 100 kilogramos de pescado, 20 kilogramos de camarones, 15 kilogramos de carne de cangrejo, 200 kilogramos de moluscos y 40 kilogramos de pepinos de mar.

Muchas especies, desde crustáceos hasta tiburones de grandes profundidades, encuentran un refugio seguro en el manglar donde vivir durante su primera etapa de vida.

En algunos arrecifes de coral se estima que más del 70% de las especies han pasado o pasarán parte de sus vidas en los manglares. Ellos son útiles también porque evitan que el lodo y los sedimentos se depositen sofocando los corales, al mismo tiempo que protegen las areas interiores de inundaciones.

deep water

estuaries

- Wading bird : Shore crab : Dee estuary : Stranded brittle star
- Oiseau se promenant : Crabe de rivage : Estuaire de la Dee : Ophiure échouée

- Ave chapoteando en la arena : Cangrejo del litoral : Estuario del río Dee : Estrella de mar – Amphipholis, varada en la arena

Estuaries sustain immense biological productivity and feed fish and birds far out to sea. River waters thick with plant debris pour into the oceans – each year they take an estimated 400 million tonnes of organic matter into the sea. These swirling sediments provide food for plankton and marine creatures, especially for the swarms of larvae from the many fish and crustaceans that breed in estuarine waters. Stretches of tropical and temperate mud flats which often form near estuaries may appear empty but are actually teeming with life. A myriad of uniquely adapted species thrive here. Snails plough the silt; clams lurk with only their siphons visible; assorted crabs live in, under or alongside the flats; and from above, numerous shore-birds such as oyster-catchers and sand-pipers benefit from this secret world. In the Gulf of Maine, more than a thousand species were found inhabiting one small bay.

Les estuaires sont des lieux de productivité biologique très importante qui nourrissent les poissons et les oiseaux du large. Les eaux de rivières, riches en détritus végétaux, se déversent dans les océans entraînant avec elles dans la mer une quantité de matières organiques estimée à 400 millions de tonnes. Ces remontées de sédiments apportent des aliments aux organismes marins et, en particulier, aux larves de poissons et de crustacés qui se reproduisent dans ces eaux. Les immenses marais de vase qui se forment le long des estuaires semblent souvent déserts; en réalité, ils grouillent de vie. Une myriade d'espèces, adaptées à ces conditions particulières, se développent remarquablement bien. Les escargots labourent le limon, les clams se tapissent, ne laissant dépasser que leur siphon. Certains crabes vivent tant autour que dans les marécages. Dans les hauteurs, un grand nombre d'oiseaux côtiers, comme les huîtriers et les bécasses, profitent de ce monde secret. Dans une toute petite baie du golfe du Maine, on a découvert plus d'un millier d'espèces vivantes.

Los estuarios tienen una productividad biológica enorme y alimentan peces y aves que se encuentran mar adentro. Las aguas de los ríos, densas, con troncos y hojarasca, desembocan en los océanos. Se ha estimado que cada año llevan al mar unos 400 millones de toneladas de materia orgánica. Este torbellino de sedimentos alimenta el plancton y criaturas marinas especialmente larvas de los diversas especies de peces y crustáceos que se crían en las aguas de los estuarios. Extensiones planas de lodo tropical y temperado que se forman cerca de los estuarios, pueden parecer vacías pero están llenas de vida. Una miríada de especies se ha adaptado y prospera en estos lugares: caracoles viven en los sedimentos, almejas se esconden al acecho con sólo sus sifones visibles. Diferentes especies de cangrejos viven adentro, debajo o a lo largo de estas superficies y en lo alto, numerosas aves marinas costeras como ostreros y andarrías se benefician de este mundo secreto. En el golfo de Maine, se encontraron más de mil especies diferentes en una pequeña bahía.

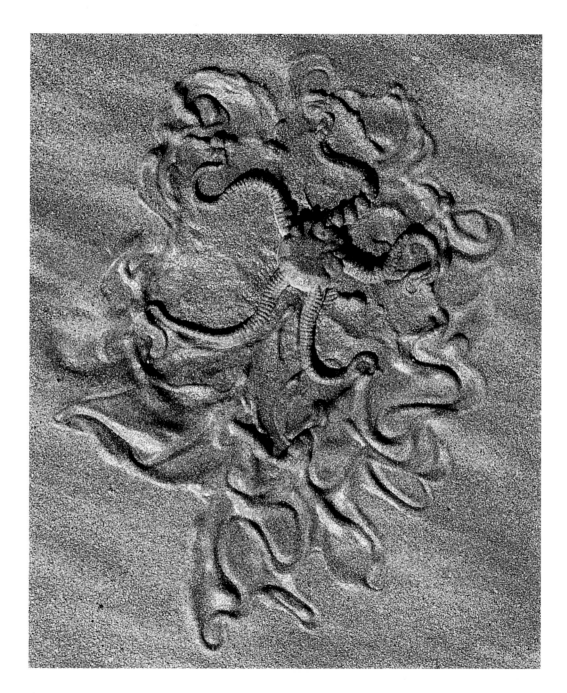

deep water

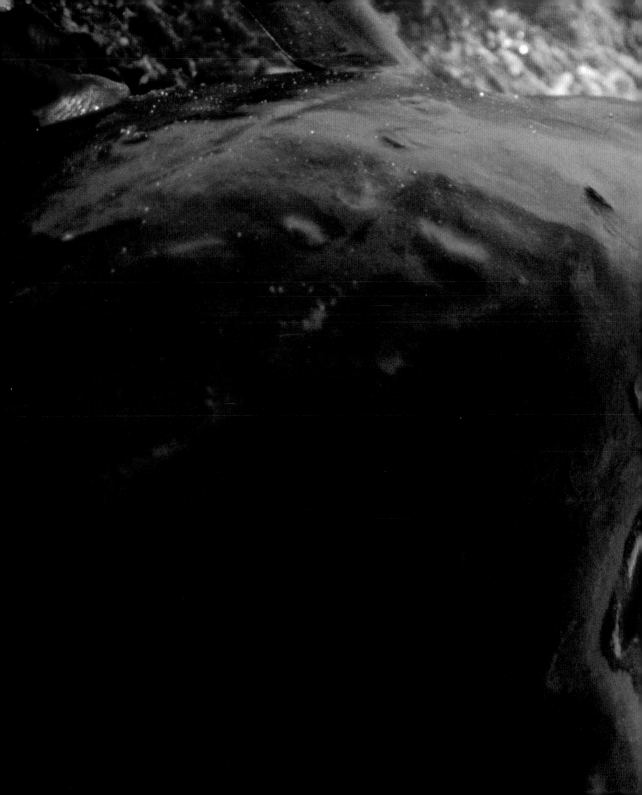

perils

perils

- Fishermen hook mackerel shark : Illegal gillnet fishing
- Requin tirée par un crochet : Pêche illégale au filet maillant
- Pescadores con tiburón caballa : Pesca ilegal por enmalle

Organisms have lived in the ocean for more than 4000 million years. Until 500 million years ago life existed only in the sea. People have inhabited the planet for a fraction of this time, and yet our impact on it has been monumental. Early coastal settlers took what they needed to live using spears and nets that were retrieved by hand. Subsistence fishing communities around the world continue to harvest their immediate ocean environment in this way, doing little permanent damage. But since the Industrial Revolution there have been technological developments. Radar equipment can detect deep-swimming shoals and mechanised nets can haul out 400 tonnes at a time. Stocks of commercial fish such as the bluefin tuna and Newfoundland cod have fallen to dangerously low levels. The world's fish stocks are under threat.

But not only are we taking much too much out. We are putting a lot of the wrong things in. Poisons are being pumped into the atmosphere by industry and agriculture. Some are rotting a hole in the globe's protective ozone layer. Others are taken to the sea by run-off and rain. Raw sewage still spews out over beaches and radioactive waste is dumped directly in the ocean. The impact is becoming apparent in deformed fish and cancer-ridden dolphins. Even in the Antarctic, baby Wilson's storm petrels are starving because they are being fed fragments of plastic garbage by their confused parents.

Each and every species is part of a natural system that works. To eliminate species or ecosystems is to take a gamble with the future, for we cannot bring them back. Life begins in the ocean – we destroy it at our peril.

Les organismes vivent dans les océans depuis plus de 4000 millions d'années. Il y a seulement 500 millions d'années, la vie n'existait que dans les mers. Les humains habitent cette planète une fraction de cette période et notre impact sur celle-ci est sans pareil. Les premiers habitants des régions côtières se servaient de ce qu'ils avaient à disposition pour se nourrir. Ils utilisaient des lances et des filets qu'ils manipulaient à la main. Les communautés, dont la subsistance dépend du poisson, continuent à pêcher ainsi et n'endommagent que très peu leur environnement marin immédiat. Depuis la révolution industrielle, des développements technologiques se sont produits. Certains équipements radar peuvent détecter des bancs de poissons nageant dans les profondeurs, et les filets mécaniques peuvent en remonter jusqu'à 400 tonnes. Les stocks de poissons vendus dans le commerce, comme le thon rouge et la morue de Terre-Neuve, sont tombés très bas. En fait, l'ensemble des stocks de poissons est menacé.

Non seulement nous pêchons beaucoup trop, mais aussi, nous déversons des substances néfastes dans les mers. Les industries et l'agriculture propagent des poisons dans l'atmosphère. Certains rongent la couche d'ozone qui protège le globe. D'autres sont rejetés dans la mer, entre autres par les pluies et les ruissellements. Des déchets non épurés dérivent vers les plages; quant aux déchets radioactifs, ils sont déversés directement dans l'océan. Aujourd'hui, l'impact est visible: on trouve des poissons déformés et des dauphins cancéreux. Même dans l'Antarctique, les petits pétrel océaniques sont affamés parce que leurs parents désorientés leur donnent à manger des morceaux de plastique.

Chacune des espèces fait partie d'un système naturel en fonctionnement. Radier des espèces, ou des écosystèmes, revient à prendre un pari sur l'avenir. La vie a commencé dans l'océan, et nous le détruisons à nos risques et périls.

En el océano han vivido organismos por más de 4000 millones de años. Hasta hace 500 millones de años atrás sólo existía vida en el mar. La gente ha habitado el planeta por una fracción de este tiempo y aun así nuestro impacto ha sido monumental.

Los primeros habitantes costeros tomaban lo que necesitaban para comer usando redes y flechas que recogían manualmente. Comunidades que subsisten de la pesca alrededor del mundo continúan explotando las aguas del océano en sus inmediaciones causando muy poco daño permanente. Sin embargo desde la Revolución Industrial ha habido desarrollos en la tecnología tales como: los equipos de radar que pueden detectar bancos de peces nadando en las profundidades, redes mecánicas que en una redada levantan 400 toneladas de una vez. Las existencias de atún azul y bacalao de Newfoundland han bajado a niveles realmente peligrosos. En general las existencias de peces en el mundo se encuentran amenazadas.

Pero no sólo estamos recogiendo más de lo que necesitamos, sino que también estamos introduciendo muchas cosas dañinas. Venenos que han sido lanzados a la atmósfera por la industria y la agricultura. Algunos de ellos creando un agujero en la capa de ozono que protege el globo. Otros son llevados al mar por escorrentía y lluvias. Aguas contaminadas sin ser tratadas previamente se arrojan en nuestras playas y desechos radioactivos son lanzados directamente al océano. El impacto es ya patente en peces deformados y delfines con cáncer. Aún en la Antártida, los vástagos de los petreles de Wilson están muriéndose de hambre porque los confusos padres los tratan de alimentar con fragmentos de basura plástica.

Cada una de las especies es parte de un sistema natural en continuo funcionamiento. Eliminar especies o ecosistemas es jugarse el porvenir porque no podemos recuperarlas. La vida empezó en el océano; lo estamos destruyendo, poniéndolo en peligro.

- Orange roughy : Shark tails drying : Scampi prawns trawl with large by-catch
- Roughy naranja : Queue de requin séchant : Grosse prise de scampi
- Hoplostethus atlanticus : Colas de tiburón secándose : Gambas capturadas con pesca de arrastre

It is estimated that 70 per cent of the world's commercial fish stocks are either overexploited, fully fished or totally depleted. International regulation must be redefined and enforced if marine life is to continue to be an important food source for most of the human population. The World Fishery production in 1996 was about 115.9 million tonnes. On average one-third of the world's catch is thrown back dead or dying. Modern fishing methods, it seems, are putting too much pressure on fish stocks. 'Factory trawling' is one of the most destructive methods. Huge floating factories – up to 100 metres long, equipped with sonar, city-sized nets, conveyor belts, processors and freezers – locate and process thousands of fish at a time. Similarly, 64-kilometre- (40-mile-) long driftnets 'strip mine' the seas indiscriminately. Purse seines, which operate like drawstring bags, catch not only tuna but also dolphins. Purse seines are thought to have caused the deaths of around 10 million dolphins in the last decade. Dolphins and 'protected' whales are killed illegally and sold as legal whalemeat by an industry that talks of whales merely as 'resources'.

Sur la quantité mondiale des stocks de poissons marchands, on estime que 70 pour cent sont soit surexploités, soit entièrement épuisés, ou encore sérieusement réduits. Une loi internationale s'impose, si l'on considère que la vie marine reste la source d'alimentation la plus importante pour les hommes. En 1996, la production des Poissonneries Mondiales était d'environ 115,9 million de tonnes. En moyenne, un tiers de la prise mondiale est rejetée, morte ou agonisante. Il semble que les méthodes modernes de pêche exercent une pression trop importantes sur les stocks de poissons. La pêche au chalut est une des méthodes les plus destructrices. Ces usines flottantes, qui font jusqu'à 100 mètres de long, sont équipées de radars sonar et de filets qui ont la taille d'une ville. Ces chalutiers, localiser, traiter et congeler des milliers de poissons en une seule fois. De la même façon, un filet dérivant sur 64 kilomètres vident les mers sans distinction. Les filets sur poulies, que l'on manipule avec des sacs à cordon, attrapent non seulement des thons mais aussi des dauphins. On estime que ces filets ont causé la mort d'en-viron dix millions de dauphins durant la dernière décennie. Les dauphins et les baleines bien que protégés sont tués illégalement et leur viande légalement vendue par une industrie qui les considere tout justes comme une ressource naturelle.

Se estima que un 70 por ciento de las existencias de la pesca comercial en el mundo están sobreexplotadas, explotadas a máxima capacidad o totalmente agotadas. Regulaciones internacionales deberán imponerse si la vida marina continua siendo la fuente de alimentación más importante para la mayoría de la población. La producción de la Pesca Mundial en 1996 fue de cerca de 115.9 millones de toneladas. En promedio, un tercio de lo recogido es devuelto al mar, muerto o muriéndose. Al parecer, los modernos métodos de pesca están poniendo demasiada presión sobre la existencia de peces. Las embarcaciones que funcionan como fábricas de producción flotantes representan uno de los métodos más destructivos. Enormes fábricas flotantes – de casi 100 metros de longitud, equipadas con sonar y redes del tamaño de una ciudad – localizan y procesan masivamente los peces. De la misma manera, largas traínas de 64 kilómetros de longitud vacían los mares indiscriminadamente. Redes jábegas que operan como un saco de mano que se cierra con un tirón de cuerda, cazan no sólo atún sino también delfines. Se estima que éste tipo de pesca ha causado la muerte de más de 10 millones de delfines en la última década. Las ballenas protegidas y los delfines son matados ilegalmente, y vendidos legalmente como carne de ballena por la industria, que habla de ellas simplemente como de 'recursos'.

deep water

what we put in
pollution

- Black-footed albatross : Bears on rubbish dump, Canada : Entangled Californian sea lion : <u>Sea Empress</u> oil disaster, UK
- Albatros aux pieds noirs : Ours dans une décharge au Canada : Otarie de Californie

attrapée : Catastrophe pétrolière du <u>Sea Empress</u>, UK
- Albatros de pata negra : Osos en un basurero, Canadá : Lobo de mar californiano enredado : Desastre del petrolero <u>Sea Empress</u>, Reino Unido

Since the Industrial Revolution we have manufactured products with high wastage ratios and short life-spans, from materials which do not break down naturally. We have used the ocean as a rubbish tip so the problem of modern waste has become a major threat to ecosystems.

Pollution ranges from nuclear and radioactive waste to chemical, noise and household pollution, although now no country openly dumps radioactive waste in the sea. Some pollution damage is obvious. Plastics and synthetic materials make up about 80 per cent of marine debris, and fatalities result when plastic bags are mistaken by turtles and whales for jellyfish. Items as small as cigarette butts can kill marine life – blocking turtles' digestive tracts and causing death from starvation.

Sewage can 'fertilise' parts of the seas to death – it brings phosphates and nitrates into the water and causes blooms of algae so prolific that the oxygen is depleted and an anoxic, or 'dead', zone results.

Oil pollution is another product of our careless ways, and oil accidents can turn into disasters if insufficient funds are put towards prevention and training. Oil accidents can destroy ocean ecosystems and whole generations of seabirds.

Depuis la révolution industrielle, nous fabriquons des produits qui contiennent une proportion importante de matériaux artificiels dont l'utilisation est brève, et que l'on ne peut pas recycler.

Le terme de pollution comprend les déchets nucléaires, radioactifs, chimiques, domestiques et de bruit. De nos jours, aucun pays ne déverse ouvertement des déchets radioactifs dans la mer. Le dommages causés sont évidents. Certaines matières plastiques et synthétiques comptent pour 80 pour cent des déchets marins et le drame se produit lorsque les tortues marines et les baleines prennent les sacs plastiques pour des méduses. Des déchets aussi insignifiants que les mégots de cigarettes peuvent tuer la vie marine – en bloquant le système digestif des tortues marines qui engendre leur mort par inanition.

Les déchets d'égouts peuvent fertiliser 'á mort' certaines parties de la mer; ils y apportent du phosphate et du nitrate qui provoquent des floraisons excessives d'algues créant une zone anoxique ou morte causée par la diminution d'oxygène.

La pollution par le pétrole est un autre conséquence de nos habitudes désinvoltes; les accidents de marés noires peuvent tourner en catastrophe si l'on n'investit pas dans la prévention et la formation. Les marées noires peuvent détruire des écosystèmes marins entiers avec plusieurs générations d'oiseaux de mer.

Desde la Revolución Industrial, hemos fabricado productos con una alta tasa de desperdicio, de corta vida y con materiales que no se reincorporan en la naturaleza. Como el océano se ha usado siempre como un basurero, el problema de los desechos modernos se ha convertido en una gran amenaza para los ecosistemas.

La contaminación varia, desde desechos nucleares y radioactivos, a química, ruídos y doméstica, aunque hoy en día ningun país tira abiertamente desechos radioactivos en el mar. Los daños de la contaminación son evidentes. Materiales plásticos y sintéticos constituyen casi el 80 por ciento de los desperdicios marinos y fatalidades ocurren cuando tortugas y ballenas confunden bolsas plásticas con medusas. Articulos pequeños como colillas de cigarrillos pueden destruir vidas marinas – al bloquear el tubo digestivo de las tortugas provocando su muerte por hambre. Las aguas servidas pueden 'fertilizar' areas marinas hasta su destrucción pues contienen fosfatos y nitratos que permiten la proliferación de algas hasta agotar el oxígeno, creando una zona anóxica o 'muerta' como resultado.

La contaminación petrolífera es otro resultado de nuestra negligencia, y accidentes se convierten en desastres si no se dedican fondos para prevenir y entrenar. Derrames de petroleo pueden destruir ecosistemas oceánicos y generaciones de aves marinas.

deep water

what we put in

beware

Perhaps the most underestimated and therefore most dangerous new pollutant is the family of toxic chemicals that includes polybrominated biphenyls (PBBs) and polybrominated diphenyl ethers (PBDs). These organohalogens are used in the manufacture of electronic circuits which are found in everyday items such as televisions and computers. They have entered the global food chain through accidental spillage and unregulated or careless disposal. PBBs and PBDs have been found in the bodies of sperm whales, and so have penetrated even the deep ocean – yet these chemicals have been omitted from a UN Economic Commission for Europe (UNECE) treaty that bans their better-known cousins, polychlorinated biphenyls (PCBs).

There are about 15,000 such synthetic chlorinated compounds on the world market. These resilient chemicals accumulate in heavy concentrations in the fat of species at the tops of food chains: the polar bear, walrus, seal, tuna and humans. Effects on whales and dolphins include reproductive failure and decreased efficiency of the immune system. The 500 remaining Beluga whales in the St Lawrence Estuary of Canada are 25 per cent less successful at reproducing than their Arctic cousins. They are so contaminated that they are considered living toxic waste and are dying a slow and painful death. PBBs, PBDs and PCBs are all inter-related and are known to damage the nervous system. The most PCB-contaminated people in the world are the inhabitants of the remote Baffin Island, whose diet is rich in whale and dolphin meat. Children exposed to PCBs in the womb have shown impaired visual-recognition memory, short-term-memory problems and learning difficulties.

Le polluant le plus sous-estimé, et probablement le plus dangereux des nouveaux polluants, fait partie de la famille des toxiques chimiques, eux-mêmes sont apparentés aux biphenyles polybrominé (PBB) et les éthers dyphényle polybrominé (PBD). On utilise ces organohalogènes dans la fabrication de circuits électroniques que l'on trouve dans les appareils familiers tels que la télévision et l'ordinateur. Ils sont entrés dans la chaîne alimentaire mondiale par déversement accidentel et non régulé ou déposé sans considération quant aux conséquences.

Il existe environ 15,000 composés de synthétique chloriné sur le marché mondial. Ces produits chimiques, particulièrement résistants s'accumulent de manière très concentrée dans la graisse des animaux se situant au sommet de la chaîne alimentaire comme l'ours polaire, le morse, le phoque, le thon et les hommes. Les conséquences sur les baleines et les dauphins se manifestent sous forme de stérilité ponctuelle et d'une déficience du système immunitaire. 25 pour des 500 baleines Béluga, qui vivent dans l'estuaire du Saint Laurent au Canada, ne parviennent pas à se reproduire aussi bien que leurs cousines de L'Arctique. Elles sont contaminées à un tel degré qu'elles sont considérées comme des déchets toxiques vivants et souffrent d'une mort douloureuse et lente.

Les PBBs, les PBDs et les PCBs sont reliés entre eux et on sait qu'ils endommagent le système nerveux. Le peuple le plus contaminé au monde par les PCBs sont les habitants vivant sur la Terre isolée de Baffin, et dont l'alimentation est riche en viande de baleine et de dauphin. Les enfants exposés aux PCBs, lorsqu'ils étaient dans le ventre de leur mère souffrent d'une diminution de leur mémoire visuelle de reconnaissance, de problèmes de mémoire instantanée ainsi que de difficultés d'apprentissage.

Tal vez la más desestimada y por lo tanto la más peligrosa de las nuevas sustancias contaminantes, es la familia de los químicos tóxicos que incluye los éteres bifenil y difenil polibrominado (PBBs y PBDs). Estos halógenos orgánicos son usados en la fabricación de circuitos electrónicos. Ellos han entrado en la cadena alimenticia a través de accidentes y eliminación descuidada o no regulada. Se han encontrado PBBs y PBDs en los cuerpos de cachalotes y eso indica que han penetrado en lo más profundo del océano. Sin embargo estos materiales químicos han sido omitidos en el tratado emititido por la Comisión Económica para Europa de Naciones Unidas (UNECE) que prohibe a sus parientes más cercanos y conocidos: los bifeniles policlorados (PCBs).

Existen alrededor de 15,000 de estos compuestos sintéticos clorados en el mercado mundial. Estos resistentes materiales químicos se acumulan en densas concentraciones en la grasa de especies en la cúspide de la cadena alimenticia: oso polar, morsa, foca, atún y humanos. Los efectos en las ballenas y delfines incluyen problemas de reproducción y disminución de la eficiencia del sistema inmunológico. Las 500 ballenas Beluga que sobreviven en el estuario St Lawrence de Canada están tan contaminadas que son consideradas como desecho tóxico viviente y están sufriendo una lenta y dolorosa muerte.

Los PBBs, PBDs y PCBs están interrelacionados y es sabido que dañan el sistema nervioso. La gente más contaminada del mundo con PCB son los habitantes de las remotas islas Baffin, cuya dieta es rica en carne de ballena y delfín. Los niños expuestos en el útero a PCBs muestran memoria visual deteriorada, problemas de memoria corta y dificultades de aprendizaje.

deep water

climate
global warming

• Ground cracked from drought : Iceberg remains, glacial lagoon : Emperor penguin, Antarctica

• Terre craquelée par la sécheresse : Iceberg fondant dans un lagon glacé : Manchot empereur de l'Antarctique
• Tierra resquebrajada por la sequía : Restos de témpano, laguna glacial : Pinguino emperador, Antártico

The natural greenhouse effect – whereby the atmosphere traps heat energy from the sun and radiates it to the surface of the Earth – is essential to the Earth's climate and makes life possible. This century, the burning of fossil fuels such as coal has changed the composition of the air. The atmosphere's store of carbon dioxide has increased by 27 per cent. This is thought to be directly linked to the rise in world temperature. A third of carbon dioxide (about three billion tonnes) is absorbed by the ocean. But as the oceans warm and become more turbulent, some scientists believe that less carbon dioxide will be absorbed, and the situation will be exacerbated. Disrupted weather patterns include floods, heat-waves and droughts.

It seems global warming is causing polar ice to recede, shrinking the krill habitat and populations, further threatening the future of marine mammals who depend exclusively on krill.

A linked effect is rising sea levels, which could destroy not only coral reefs but also wetlands – the Earth's water-filtering system.

The World Bank has calculated that the combined effects of drought and the misuse of water will result in 34 countries suffering from severe water shortages by 2025.

L'effet naturel de réchauffement de la planète se produit lorsque l'atmosphère capture l'énergie du soleil et la renvoie sur la surface de la terre. C'est ce phénomène qui rend la vie possible sur la planète. Au cours de ce siècle, la combustion de fuels fossiles, comme le charbon, a changé la composition de l'air. La quantité de dioxyde de carbone dans l'atmosphère a augmenté de 27 pour cent. Un tiers de dioxyde de carbone (à savoir trois milliards de tonnes) est absorbé par les océans. Mais les scientifiques pensent que la situation va s'aggraver: L'océan absorbe une quantité moins importante de dioxyde de carbone parce qu'il se réchauffe et devient plus turbulent. Une météorologie perturbée provoque des inondations, des vagues de chaleur et des sécheresses.

Le réchauffement de la planète semble faire fondre la glace des régions polaires, entraînant une réduction de l'habitat du krill et des populations locales. L'avenir des mammifères marins, dont la vie dépend exclusivement du krill, est menacé.

L'augmentation du niveau de la mer pourrait détruire non seulement les récifs de coraux, mais aussi les marécages, système naturel de filtration des eaux.

La Banque Mondiale a calculé que les sécheresses, ajoutées au gaspillage de l'eau, conduira à une pénurie sévère dans 34 pays dès 2025.

El efecto invernadero ocurre cuando la atmósfera terrestre acumula energía calórica del sol y la irradia sobre la superficie de la tierra. Esto es esencial para el clima de la tierra y hace posible la existencia de vida. Durante este siglo la quema de combustible fosilizado tal como el carbón ha cambiado la composición del aire. Los depósitos de anhídrido carbónico en la atmósfera han aumentado en un 27 por ciento. Se piensa que esto está directamente vinculado a la elevación de la temperatura en el mundo. Un tercio del anhídrido carbónico (cerca de tres billones de toneladas) es absorbido por el océano. En la medida que el océano se calienta, se pone más turbulento, algunos científicos estiman que absorberá menos anhídrido carbónico exacerbando el problema. Alteraciones en el comportamiento del tiempo incluyen inundaciones, olas de calor y sequías.

Parece que el recalentamiento mundial es la causa de la disminución del hielo en las regiones polares, disminuyendo el hábitat del krill y su población, amenazando el futuro de los mamíferos marinos que dependen exclusivamente del krill.

Otro efecto relacionado es el nivel creciente de los mares, que podría destruir no sólo los arrecifes de coral sino también las marismas – el sistema natural de filtración de agua de la tierra.

deep water

el niño

- Storm over the Pacific
- Cyclone au-dessus du Pacifique
- Tormenta sobre el Pacífico

In normal conditions, strong trade winds stir the ocean waters, bringing cool, nutrient-rich waters from the deep to the surface.

The El Niño phenomenon is the warming of the upper layer of the Pacific Ocean along the line of the Equator. The effects are most noticeable along the coast of South America around Christmas time: associations with the infant Christ suggested the term 'El Niño' – Spanish for 'the boy Child'.

When the trade winds of the tropics drop, the circulation of waters in the ocean is reduced and El Niño shows its violent temper. It is these swings of atmospheric pressure combining with El Niño that have a vast impact on the climate of the world. We do not know enough to be sure that the violence of this wayward child is on the rise or if it is part of a cycle too great for us to see.

El Niño affects local temperatures in different ways. For example, in the Eastern Pacific it can raise the surface temperature, simultaneously cooling it in the Western Pacific. El Niño can cause changes in local temperature, rainfall and sea level but recent research shows that there has been a rise in sea-surface temperature both in areas which normally warm up during El Niño as well as areas that cool down. While El Niño may be the proximate cause of bleaching at many locations, global warming appears to be the ultimate cause of increased bleaching world-wide. (Bleaching is when high temperatures cause corals to expel their symbiotic algae *en masse*. Left literally to starve, recovery depends on how long high temperatures remain.)

If our actions – large-scale air pollution, felling the rain forests, dumping waste in the ocean – show even the slightest likelihood of increasing the intensity of El Niño, then we would be foolish to continue along such a path.

Dans les conditions normales, un vent fort à la surface de l'océan provoque une remontée des eaux profondes, froides et riches en nutrients.

El Niño est le nom donné au phénomène de réchauffement de la surface de l'océan Pacifique au niveau de l'équateur. Ses effets sont surtout ressentis le long de la côte Est de l'Amérique du Sud, à la période de noël. En espagnol El Niño désigne l'enfant Jésus, que l'on célebre à cette même période.

Cependant, quand les vents alizés des tropiques se calment, la circula-tion des eaux dans l'océan se ralentit – c'est à ce moment qu'El Niño montre son caractère furieux et violent. Ce sont ces changements de pression atmosphérique, liés au phénomène d'El Niño, qui ont un impact important pour le climat mondial. Néanmoins, nous n'en savons pas suffisamment sur la violence de cet enfant qui n'en fait qu'à sa tête: Va-t-il se renforcer? Fait-il partie d'un cycle naturel trop important pour que nous puissions le reconnaître?

El Niño a différents effets sur les températures locales: lorsqu'il augmente la température des eaux de surface de l'est du Pacifique, il la fait descendre à l'ouest. Il peut aussi augmenter le taux de pluviosité et le niveau de la mer. El Niño semble être la cause du phénomène de blanchissement des coraux que l'on peut observer sur l'ensemble de la planète: ceux-ci expulsent leurs algues symbiotiques en grande quantité lorsque la température est trop élevée. Quand la température retombe ils peuvent s'alimenter à nouveau.

Si la pollution de l'air à une grande échelle, le déboisement de la forêt tropicale et le déversement de déchets dans l'océan, dont nous sommes responsables, s'avèrent être les raisons de l'augmentation de l'intensité d'El Niño, il serait inconscient de continuer sur cette lancée.

En condiciones normales, los vientos alisios agitan las aguas del océano trayendo aguas frías y ricas en nutri-entes desde el fondo a la superficie.

El fenómeno de El Niño consiste en el calentamiento de la capa supe-rior del Océano Pacífico a lo largo de la línea del Ecuador. Las consecuen-cias más evidentes se producen a lo largo de la costa de Sudamérica durante las Navidades: por asociación con el niño Jesús, es que se le dió el nombre de El Niño.

Cuando los vientos alisios del trópico disminuyen, la circulación de las aguas en el océano se reduce y El Niño muestra su carácter feroz y violento. Las oscilaciones de la presión atmosférica combinadas con el El Niño tienen un impacto inconmensurable en el clima del mundo. No conocemos lo suficiente para estar seguros que la violencia de este niño caprichoso está creciendo o si se trata de un aspecto de un ciclo natural muy grande para que lo entendamos.

El Niño afecta las temperatures locales de diversas maneras. Por ejemplo, en el Pacífico oriental puede subir la temperature, de la superficie y simultaneamente bajarla en el Pacífico occidental. El Niño puede causar cambios en las temperaturas locales, regimen de lluvias y nivel del mar, pero investigaciones recientes muestran que ha habido un alza global de la temperatura en la superficie del mar. Mientras El Niño podría ser la causa posible del blanqueo en muchos lugares, el recalentamiento mundial parece ser la causa ultima del incremento del blanqueo a nivel mundial. (El blanqueo ocurre cuando el alza de la temperatura provoca la expulsión masiva de las algas que viven en simbiosis en los corales. El arrecife queda amenazado a extinción por hambre y su recuperación depende de cuanto tiempo duren las altas temperaturas.)

deep water

futures

our future

- **Self-sufficient house on the Pacific coast**
- **Maison autosuffisante sur la côte pacifique**
- **Casa autosuficiente en la costa del Pacífico**

Oceans in the balance

Positive action comes in many forms. Individuals make a difference – power is not only for those who make laws or run international corporations. At home we can recycle our grey water (water used in baths and sinks) and discard rubbish more carefully. In the market place we can buy organic foodstuffs and local produce. In our shopping we can choose products from countries which support and conform to international environmental legislation. We can seek out recyclable and minimal packaging. When it comes to voting we can support politicians who have sound environmental policies – and, importantly, keep pressure on them to meet their promises once in power. On holiday, we can support local communities by choosing hotels that minimise their negative impacts on the local environment. Learning more about the issues; actively seeking ways to make a contribution – at home, at work or school – with our family or with our friends. Each and every one of us, in everything we do, can make a difference.

It makes no sense to harvest productive fisheries to death, or to pollute our common home. Individuals can feel powerless. But there is a great deal that we can do. The following case studies are examples from around the world of how people – alone and in groups – are instigating positive action to help the future of our planet.

Aquariums

Aquariums give a lot of people a lot of pleasure. But sadly, destructive methods are often used to get hold of ornamental fish. However, aquariums are now beginning to respond to the various environmental campaigns that promote sustainable fishing. For example, collectors in the Philippines have a reputation for using environmentally unsound techniques such as sodium cyanide sprays. After pressure from conservationists, marine fish export from the

L'enjeu des océans

Des actions positives sont entreprises sous diverses formes. Même des individus peuvent faire la différence: le pouvoir n'est pas uniquement aux mains de ceux qui légifèrent ou dirigent de grandes entreprises. De même qu'il n'est pas nécessaire de nager avec le grand requin blanc, ou de plonger dans les eaux exotiques pour apporter notre soutien.

A la maison, nous pouvons recycler l'eau que nous utilisons, comme celle de la baignoire et du lavabo, et faire plus attention aux déchets que nous jetons. Au marché, nous pouvons acheter des aliments biologiques et des produits locaux. En faisant nos courses, nous pouvons sélectionner des produits qui viennent de pays qui soutiennent et se conforment aux lois internationales de protection de l'environnement. Nous pouvons choisir des emballages réduits et recyclables. Lors d'élections, nous pouvons voter pour les politiciens qui proposent des programmes sérieux pour la protection de l'environnement – plus important encore, faire pression sur ces politiciens afin qu'ils tiennent leurs promesses, une fois au pouvoir. En vacances, nous pouvons soutenir les communautés locales en choisissant des hôtels qui minimisent les impacts néfastes sur l'environnement local. Enfin, il est possible d'informer sur ces sujets et de chercher des moyens pour améliorer cette situation – que ce soit à la maison, à l'école, au travail, avec nos amis et notre famille. Quelles que soient nos actions, nous pouvons aider à changer le cours des choses.

Pêcher au point de vider les mers ou polluer notre source d'alimentation commune n'a pas de sens. En tant qu'individu, on se sent dépourvu de moyens, et pourtant, nous pouvons faire beaucoup. Les études de cas suivantes cherchent à démontrer comment des gens de différentes régions du monde, qu'ils soient seuls ou en groupes, ont mis en place des actions positives pour promouvoir l'avenir de notre planète.

Océanos en peligro

Las acciones positivas pueden adquirir varias formas. Los individuos marcan una diferencia – el poder no es sólo para aquellos que hacen las leyes o dirigen las corporaciones multinacionales. No tenemos que nadar con el gran tiburón blanco ni bucear en aguas exóticas para encontrar una manera de ayudar. En casa podemos reciclar nuestras aguas sucias y tirar la basura más cuidadosamente. En el mercado podemos comprar alimentos producidos orgánica y localmente. En todas nuestras compras podemos escoger productos de los países que apoyan y se ajustan a la legislación internacional de protección del medio ambiente. Podemos buscar envases mínimos y reciclables. Cuando lleguen las elecciones, podemos votar por los candidatos que tengan políticas ambientales bien fundadas y una vez en el poder mantener la presión para que cumplan sus promesas. En las vacaciones podemos apoyar a las comunidades locales escogiendo hoteles que minimicen los impactos negativos en el medio ambiente local. Podemos aprender más acerca de los problemas; buscando activamente maneras de hacer una contribución – en el hogar, en el trabajo, en la escuela – con nuestra familia y nuestros amigos. Cada uno de nosotros, en todo lo que hacemos, podemos marcar una diferencia.

Hasta ahora nos hemos concentrado en desarrollar nuevas formas de explotación de los recursos marinos. Debemos ahora descubrir cómo equilibrar nuestras necesidades con lo que los océanos pueden proveer. No tiene sentido explotar pesquerías productivas hasta su extinción o contaminar nuestro hogar. Los individuos como tal se pueden sentir desarmados, pero hay una buena cantidad de cosas por hacer. Los siguientes estudios de casos concretos son ejemplos de todo el mundo, de cómo la gente – sola y en grupos – está instigando acciones positivas para ayudar al futuro de nuestro planeta.

Philippines declined from 50 per cent of the world trade to just 5 per cent. By contrast, institutions in Sri Lanka are keen to work with environmental groups, promoting extraction methods such as the use of hand-nets. As a result of Sri Lanka's good reputation, exports of aquarium fish have grown from approximately $452,000 to $5.6 million in 1996–97 – a phenomenal increase. Eco-friendly countries are also careful when it comes to the over-exploitation of their reefs. In 1996, Sri Lanka implemented restrictions on the export of several species of Butterfly fish, Angelfish, Damselfish, Triggerfish, Filefish, Wrasse, Scorpionfish and Spadefish. Sri Lanka's reefs and rocky habitats are an important part of the country's natural heritage. Initiatives to secure their future include the Marine Aquarium Fishery Project. For this the Sri Lankan National Aquatic Resources Agency teamed up with two UK-based groups, the Marine Conservation Society and the Darwin Initiative. Divers have been sent down to research marine biodiversity and reef condition in areas known to be important sites for ornamental fisheries. 'Hotspots' of importance for conservation can, once identified, be policed. The project is also making sure to gain the trust of the collectors. By early 1998, more than 700 collectors had registered their names and contact addresses with the project, showing willingness not only to submit relevant facts and figures, but also to change their fishing habits.

The Marine Aquarium Fishery Project (for contact address, see page 120) is a formidable example of the positive force that can be exerted when governments, groups and individuals act together.

Les aquariums

Tout le monde aiment les aquariums. Malheureusement, on utilise bien souvent des méthodes destructrices pour capturer des poissons d'agrément. Cependant, les aquariophyles pêcheurs commencent à réagir face aux nombreuses campagnes pour l'environnement qui encouragent une pêche assurant le renouvel-lement des espèces. Par exemple, des pêcheurs aux Philippines ont la réputation d'utiliser des techniques néfastes comme l'emploi de pulvérisants contenant cyanure de sodium. Depuis que les défenseurs de l'environnement font pression, l'exportation mondiale de poissons des Philippines est tombée de 50 à 5 pour cent. En revanche, les institutions Sri Lankaises sont enclines à travailler avec des organisations qui encouragent l'utilisation de techniques telles que celle du filets à main. Dû à sa bonne réputation, l'exportation de poissons pour aquarium au Sri Lanka est passée, de 1996 à 1997, d'une valeur de 4,52 à 5,6 millions de dollars: une augmentation phénoménale. Les pays sensibles à l'environnement prêtent attention au phénomène de surexploitation de leurs récifs. En 1996, le Sri Lanka a mis en place des restrictions sur l'exportation de plusieurs espèces de poissons papillons, de poissons-anges, de demoiselles, de balistes, de poissons-limes, de labres, de poissons scorpion et de perches. Les récifs et les habitats rocheux du Sri Lanka font partie d'un patrimoine important qu'est la réserve naturelle du pays. Des initiatives pour préserver son avenir ont été mises en place avec Le Sri Lanka National Aquatic Resources Agency (agence nationale du Sri Lanka pour les ressources aquatiques) aidée de deux équipes britanniques: La Marine Conservation Society et la Darwin Initiative. Ces équipes ont envoyé des plongeurs explorer la biodiversité marine et l'état des récifs dans des régions reconnues comme riches en poissons pour aquarium. Une fois identifiées, on peut contrôler ces régions et les préserver. Le projet a aussi pour but de gagner la confiance des collecteurs. Dès le début de l'année 1998, 700 pêcheurs avaient déjà inscrit leur nom et adresse sur une liste pour s'associer au projet, prouvant ainsi leur volonté de soumettre les faits et les vrais chiffres, mais aussi de changer leurs habitudes de pêche.

Le Marine Aquarium Fishery Project (projet de pêche pour aquarium maritime, dont l'adresse se trouve page 120) est un exemple extraordinaire d'action positive que l'on peut exercer quand les gouvernements, les groupes et les individus s'accordent à travailler ensemble.

Acuarios

Los acuarios proporcionan placer a mucha gente. Desgraciadamente, muy a menudo se usan métodos destructivos para obtener estos peces ornamentales. Sin embargo los acuarios han empezado a responder a las diversas campañas del medio ambiente que promueven la pesca sostenible. Por ejemplo, los recolectores en las Filipinas tienen fama de usar técnicas de captura erróneas como los pulverizadores de cianuro de sodio. Después de una gran presión por parte de los conservacionistas, las exportaciones de peces marinos de las Filipinas descendieron de un 50 por ciento del mercado mundial a sólo un 5 por ciento. Por otra parte, instituciones en Sri Lanka promovieron el trabajo con grupos del medio ambiente, usando métodos de extracción con redes manuales. Como resultado de la buena reputación adquirida por Sri Lanka, las exportaciones de peces para acuarios han crecido de aproximadamente $452,000 a $5.6 millones de dólares en 1996–97 – un incremento fenomenal. Los países respetuosos con la ecología son también cuidadosos cuando se trata de la explotación excesiva de sus arrecifes. En 1996, Sri Lanka estableció restricciones a las exportaciones de varias especies como el pez Mariposa, el pez Ángel, el pez Doncella, el pez Gatillo, el pez Lima, Lábridos, el pez Escorpión, el pez Pala. Los hábitats rocosos y arrecifes de coral constituyen una parte importante de la herencia natural de Sri Lanka. Entre las iniciativas para asegurar su futuro se encuentra el Proyecto de Pesquería y Acuarios Marinos. Para esto la Agencia Nacional de Recursos Acuáticos se asoció con dos grupos establecidos en el Reino Unido, la Sociedad de Conservación Marina y la Iniciativa Darwin. Se han enviado buceadores a investigar la diversidad biológica marina y las condiciones de los arrecifes en áreas conocidas por su atractivo en la captura de especies ornamentales. Una vez identificadas, estas zonas de importancia para la conservación pasan, a ser controlados por la policía. El Proyecto también trata de ganarse la confianza de los recolectores. A principios de 1998 más de 700 recolectores se habían registrado en el proyecto mostrando su interés en proporcionar no sólo hechos y cifras importantes sino también en cambiar de sus hábitos de pesca.

El Proyecto de Pesquería y Acuarios Marinos (ver dirección en página 120) es un magnífico ejemplo de la presión positiva que se puede ejercer cuando los gobiernos, grupos e individuos actúan en conjunto.

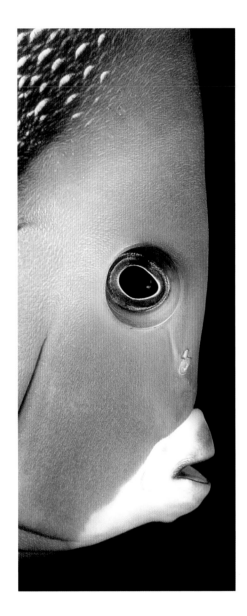

Surfing

Surfers are well placed to act as watchdogs because they are often the first to come face to face with pollution problems in remote coastal locations. While they only endanger the ocean if they are careless when they dispose of their litter, pollution of the ocean can cause surfers ear, nose and throat infections, gastro-enteritis and even Hepatitis A. Thus, personal danger combined with the inevitably intense relationships surfers develop with the seas turn many into committed campaigners.

Surfers' action groups around the world, such as the Surfrider Foundation of Japan, see themselves as 'keepers of the coast'. A sister organisation, the Surfrider Foundation of the US, specifically targets youth by teaming up with pop bands to produce CDs. At a decade old, one of the longest-running groups is Surfers Against Sewage (SAS), based in the UK. SAS claims credit for convincing three major national water companies to improve their sewage treatments – that is, to replace 'screening' (which only filters out the bigger bits) with the ultra-violet disinfection method, which actually breaks down the DNA of the viruses and bacteria, making them incapable of reproduction and infection.

Because the link between home and the ocean is often a long one, few people pay much heed to what they flush down the toilet and so send toxic waste out to sea. It is estimated that more than 50 per cent of women in first-world countries flush rather than bin their sanitary items, unaware that tampons take six months to biodegrade, and that the plastic applicators, panty-liner backing strips and plastic packaging lasts indefinitely. All the world's surfers' groups should work to raise awareness by distributing printed literature at the very least to all their members, and have parties that double as beach clean-ups.

Surfing

Les surfers sont bien placés pour agir en tant que gardiens parce qu'ils sont souvent les premiers à être confrontés aux problèmes de pollution le long de côtes souvent inaccessibles. Les surfers ne représentent un danger pour l'océan que s'ils sont négligents quant à leurs déchets. En revanche, la pollution de l'océan peut causer aux surfers toutes sortes d'infections O.R.L. ainsi que des gastro-entérites, voire même des hépatites. Le danger qu'ils encourent, ajouté à la relation directe que les surfers ont avec la mer, en font des militants actifs.

Les groupes d'action de surfers dans le monde entier se considèrent comme les gardiens des côtes. La Surfrider Foundation des Etats-Unis concentre son activité sur les jeunes, en produisant des CDs avec des groupes de rock. Agé d'une dizaine d'années, le SAS (surfers contre les déchets d'égouts), se targuent d'avoir convaincu trois compagnies d'eau importantes d'améliorer leur système de traitement des eaux usées – c'est à dire, remplacer le 'grillage' qui ne filtre que les éléments les plus gros par des méthodes de désinfection par ultraviolets qui détruisent la constitution de l'adn des virus et des bactéries, prévenant leur propagation et tout risque d'infection.

Le lien entre la maison et les océans est souvent trop distant; nombre de gens ne se soucient pas ni de ce qu'ils jettent dans les toilettes et donc des déchets toxiques qu'ils envoient dans la mer. On estime que, dans les pays développés, plus de 50 pour cent des femmes jettent leurs protections périodiques dans les toilettes, sans savoir que les tampons prennent six mois pour se dégrader et que le plastique des applicateurs et les bandes autocollantes des protège-slips résistent indéfiniment. Les groupes de surfers du monde entier cherchent à informer en distribuant des brochures aux membres de leur association. Leur cause se fait de plus en plus entendre, et les plages sont de plus en plus propres.

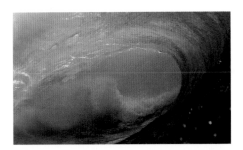

Surf

Los surfistas están muy bien colocados para actuar como guardianes porque son los primeros en enfrentarse cara a cara con los problemas de contaminación ambiental en costas remotas, mientras ellos sólo pueden afectar al océano cuando tiran su basura sin cuidado. La contaminación de los océanos puede causarles infecciones de oído, naríz y garganta, gastroenteritis e incluso Hepatitis A. De esta manera, el peligro personal, combinado con la inevitable intensidad de las relaciones que los esquiadores desarrollan con los mares, les convierte en comprometidos propagandistas.

Las agrupaciones activas de surfistas alrededor del mundo, tales como la Fundación de Surfistas de Japón, se ven a sí mismas como 'guardianes de la costa'. Una organización similar, la Fundación de Surfistas de Estados Unidos, selecciona especialmente a los jóvenes poniéndolos en contacto con orquestas pop para editar CDs. Una de las agrupaciones más antiguas, con más de 10 años de existencia, es la de los Surfistas contra las Aguas Residuales (SAS), establecida en el Reino Unido. La SAS afirma que ha logrado convencer a las tres compañías de aguas nacionales más grandes para que mejoren el tratamiento de las aguas residuales – es decir, remplazando el 'filtrado' (que solo separa los trozos de gran tamaño) por el método de desinfección con rayos ultravioleta, que descompone el DNA de virus y bacterias, dejándolos incapacitados para reproducirse e infectar.

Debido a que la conexión entre hombre y océano es distante, poca gente presta atención a lo que bota en el inodoro y envía así sedimentos tóxicos, como colillas de cigarrillos al mar. Se estima que más del 50 por ciento de las mujeres en los países desarrollados tira en el inodoro las toallas y tampones sanitarios, sin darse cuenta de que un tampón tarda seis meses en biodegradarse y todos los envases, aplicadores y

Recreational diving

If you go on a diving holiday beware: you hope to see the beauty of the ocean, but you may be destroying the very beauty that you seek.

Consider Hurghada, a resort on Egypt's Red Sea. No less than 750 boats take tourists out; 750 anchors dropped randomly on to the reef at least twice daily add up up to thousands of patches of coral killed and gone. In 1992, the local community set up HEPCA (Hurghada Environmental Protection Conservation Association) to preserve the reef and therefore their income. After three years of struggle, HEPCA became an official NGO (Non-Governmental Organisation) and, having installed many safe permanent moorings, is now in a position to advise governments about other conservation projects.

Divers can keep the reef as they found it by methods as simple as having good buoyancy control before reef diving. This will prevent crashing into corals like the crispy Ross corals and the seafans which are particularly delicate and take decades to grow. Divers should refrain from removing corals and shells – even touching corals can damage or kill them.

Some conservation societies need divers to help them carry out survey work. Project AWARE, for example, was set up in 1992 by the Professional Association of Diving Instructors (PADI) to conserve marine life and heighten awareness of fragile marine ecosystems. Individual divers can extend this kind of initiative to all diving groups and can also monitor the health of reefs and report any injuries or illnesses of marine life to relevant parties. Divers and diving groups should pay for permanent moorings to avoid dropping anchors on to different patches of reef, causing widespread destruction, and should strive to ensure the long-term survival of the reef as an invaluable resource for the whole community.

La plongée amateur

Passer des vacances à faire de la plongée sous-marine signifie avoir l'occasion d'observer la beauté des océans mais, bien souvent, cette beauté est détruite par les plongeurs eux-mêmes.

Par exemple, le centre de vacances d'Hurghada en Égypte, au bord de la Mer Rouge, n'organise pas moins de 750 sorties en mer par jour pour emmener les plongeurs amateurs; cela signifie que 750 ancres sont jetées au hasard dans les récifs au rythme de deux fois par jour, en provoquant ainsi plus de 1000 impacts sur le corail. En 1992, les autorités locales ont mis en place une association pour la protection de l'environnement d'Hurghada (HEPCA) afin de conserver le récif, mais aussi leur source de revenus. Après trois années d'action, HEPCA a été reconnue comme organisation non-gouvernementale (NGO). Ayant mis en place nombre de mouillages permanents sans danger pour le récif, l'organisation a pour rôle aujourd'hui de conseiller d'autres gouvernements sur des projets de protection de l'environnement.

En maîtrisant les techniques simples d'équilibrage, les plongeurs assurent la protection des récifs. Ainsi, ils ne s'accrochent pas aux coraux friables, comme le corail en forme de rose ou d'éventail, qui prennent des dizaine d'années pour pousser. Il est conseillé de ne pas ramasser les coraux et les coquillages car les toucher peut entraîner des infections qui peuvent les endommager voire même les tuer. Certaines associations pour la sauvegarde de l'environnement font appel aux plongeurs pour des travaux de recherche. Par exemple, le projet AWARE mis en place en 1992 par le PADI (l'association professionnelle des instructeurs de plongée) a pour but de préserver la vie marine et d'aider à la prise de conscience de la fragilité des écosystèmes marins. Chaque plongeur peut encourager ce genre d'initiative auprès d'autres groupes de plongeurs afin de

tiras plásticas, no se degradan. Todas las agrupaciones de surfistas del mundo trabajan para despertar conciencia distribuyendo literatura, por lo menos a sus miembros y organizando fiestas en las que llevan a cabo la limpieza de playas.

Buceo de recreo

A veces por falta de información y a veces a propósito, los buceadores pueden destruír la misma belleza que ellos buscan.

Es posible que ellos puedan mantener el arrecife de coral tal como lo encontraron por métodos tan simples como comprobar, antes de descender en el arrecife, que tienen la capacidad de flotación adecuada. Así evitan estrellarse contra los corales tan delicados como los de Ross y abanicos de mar que tardan decenas de años en crecer. También pueden abstenerse de remover corales y conchas sin olvidar que tocar los corales puede causar infecciones e incluso la muerte. Además pueden realizar estudios muy útiles participando o iniciando programas de conservación marina. El proyecto AWARE por ejemplo, fue iniciado en 1992 por la Asociación Profesional de Instructores de Buceo (PADI) con el objeto de conservar la vida marina y crear conciencia de la fragilidad de los ecosistemas marinos. Buceadores independientes pueden extender esta iniciativa a todos los grupos de buceo y de esta manera, facilitar el control de la salud de los arrecifes al mismo tiempo que reportar daños y enfermedades a los organismos pertinentes. Tanto buceadores como grupos de buceo deberían pagar amarraderos permanentes evitando así el anclaje en diferentes puntos del arrecife lo que conduce a la extensa destrucción, esforzándose por asegurar la supervivencia a largo plazo de estos arrecifes que constituyen un recurso inestimable para toda la comunidad.

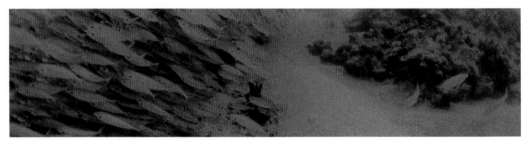

Marine parks

Marine parks often fail because they are imposed on a community by outsiders without prior consultation, and so locals often resist such initiatives. Almost two decades ago a community-led approach was pioneered in Apo Island of the Philippines. Today, its marine sanctuary continues to be an outstanding success, of note world-wide.

Apo Island is a small volcanic island off the southeastern coast of Negros Oriental. In 1979, staff from Silliman University Environmental Centre in the Philippines, came to examine the state of the island's fringing reefs and judged them worthy of conservation. Rather than trying to impose a protection order, they set about involving the local community – about 100 families – in negotiations. The governing Municipality of Dauin wasn't brought in until 1985, six years later, when the inhabitants of Apo Island were ready to make decisions. Given an increased understanding of marine conservation, they chose to protect their environment. They banned destructive fishing methods (for example, dynamite and cyanide fishing) and created a fishing-free sanctuary where fish could safely breed.

The Apo Island sanctuary is still managed by the community. Funds are generated through the collection of donations for snorkelling and from fees paid by tourists for bed and board. Awareness raising has been so efficient that the ten-strong Barangay Tanod (police force) now have to deal with few, if any, violations of the restrictions. The island's reefs, once endangered, are actually growing (from 1983 to 1995 the coral cover increased from 68 to 77.5 per cent). There has also been a substantial increase in the number of fish species. Direct benefits to the fishermen of Apo Island have included larger catches, while the community as a whole has benefited from an increase in income from tourism.

contrôler la santé des récifs et de rendre compte, aux partis concernés, blessure ou maladie des organismes marins. Les plongeurs et groupes de plongeurs devraient installer un mouillage permanent afin d'éviter de jetter leurs ancres à différents endroits du récif d'importants dommages. Les plongeurs devraient faire leur possible pour s'assurer de la survie à long terme du récif, celui-ci étant une ressource sans égal pour la communauté entière.

Les parcs marins

Les parcs marins sont souvent source d'échec parce qu'on les impose sans consulter les communautés locales. Par conséquent, les habitants locaux s'opposent très souvent à ce genre d'initiative. Il y a une vingtaine d'années, on a expérimenté une approche gérée par la communauté de l'île d'Apo aux Philippines. Le succès de ce sanctuaire marin, connu dans le monde entier, est toujours aussi retentissant.

L'île d'Apo est une petite île volcanique située près de la côte sud-est du Negros Oriental. En 1979, après avoir examiné l'état des récifs frangeant l'île, des membres du personnel du Centre pour l'Environnement de l'Université Silliman aux Philippines ont décidé d'en faire un site protégé. Plutôt que d'imposer une réglementation pour la protection de ce site, ils décidèrent d'impliquer la communauté dans les négociations. 100 familles y prirent part. La municipalité de Dauin ne fut impliquée que six ans après le début des négociations, une fois que les habitants d'Apo étaient prêts à prendre des décisions. Leur conscience concernant la défense du milieu marin s'étant développée, ils décidèrent de protéger leur environnement. Ils interdirent les méthodes destructives de pêche (par exemple la pêche à la dynamite) et créèrent un sanctuaire dans lequel la pêche est interdite et où les poissons peuvent se reproduire sans danger.

Parques marinos

Los parques marinos fracasan a menudo porque son impuestos a la comunidad por intereses foráneos sin previa consulta y por lo tanto la comunidad local, a menudo se resiste a tales iniciativas. Casi dos décadas atrás un enfoque comunitario fue iniciado en la isla Apo en las Filipinas. Hoy en día este santuario marino continúa siendo un gran éxito a nivel mundial.

La Isla Apo es una pequeña isla volcánica en la costa suroriental de Negros Oriental. En 1979, personal del Centro de Medio Ambiente de la Universidad Silliman en las Filpinas, vino a examinar la situación de los bordes de los arrecifes de la isla y estimó que valía la pena su conservación. En lugar de tratar de imponer un decreto de protección, decidieron hacer participar a la comunidad local – alrededor de 100 familias – en las negociaciones. El municipio responsable del gobierno de Dauin no participó hasta 1985, seis años después, cuando los habitantes de la isla, ya estaban preparados para tomar decisiones. Dado el entendimiento creciente por la conservación del mar, ellos escogieron proteger el medio ambiente. Prohibieron los métodos de pesca destructivos (por ejemplo la dinamita y la pesca con cianuro) y crearon un santuario, con prohibición de pesca, donde los peces pueden reproducirse.

El santuario de la isla Apo todavía es administrado por la comunidad. El financiamiento se obtiene por la recolección de donaciones, snorkelling y los ingresos generados por el turismo. La elevación de la conciencia ha sido tan eficiente que la fuerza policial – Barangay Tanod – trata cada vez con un número menor de violación de las restricciones. Los arrecifes de la isla, en un tiempo amenazados, están ahora creciendo. (Desde 1983 hasta 1995 la cubierta de coral ha crecido de un 68 a un 77.5 por ciento.) Ha habido también un crecimiento importante en el número de especies de peces. Los beneficios directos a los habitantes de la isla incluyen mayor cantidad

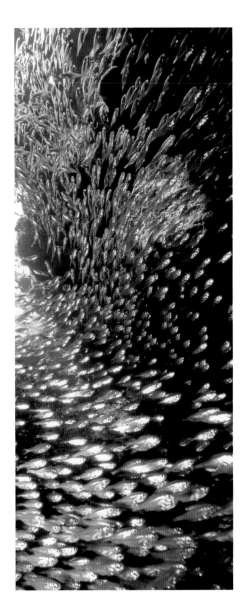

- **Great White Shark Art : Sharkbite**
- **Peinture du Grand Requin Blanc : Morsure de requin**
- **Gran tiburón blanco**

The personal is political

Olly and Suzi have been dedicated to working as one artist since they met at St Martin's College of Art in London, more than ten years ago. Whether in the bush, the jungle, the tundra or the ocean, they work collaboratively, inspired especially by those endangered animals that are traditionally misunderstood and feared. Tree sap, berry juice and moss are among the natural pigments and found objects they use to capture their subjects' spirit and environment on canvas.

Olly and Suzi interact with the animals they depict. Arctic bears, wolves, African lions and sharks, for example, have all been invited to scratch, bite or walk on their portraits. But perhaps their most ambitious project has involved the great white shark. Inspired by the book, *Jaws of Death* by Xavier Manguet, they set about meeting the 'apex of all predators' face to face. In 1997 they joined the White Shark Research Institute in South Africa which works to protect this species from extinction. They met more than 30 sharks and, from an underwater cage and equipped with SCUBA, they painted a series of shark portraits using blood and acrylic. At this point they realised that sharks are not the random killers they had been led to believe ('they attacked our paintings on two occasions, taking only one "inspection" bite from each') but selective and cautious feeders.

'We hope that by sharing our art-making process and experiences with a broad audience we can help people think about the vital issues of marine conservation.' Through their work they continue to support many education and wildlife charities, and to strengthen the call for conservation.

Targeting governments

Dr Roger Payne, founder of the Whale Conservation Institute, has devoted his life to the conservation of

Le sanctuaire de l'île d'Apo est toujours géré par la communauté. Des fonds ont été réunis grâce aux dons pour la nage au tuba et aux recettes du tourisme. La Barangay Tanod, force de police locale, n'a presque plus à faire à des violations de loi. Les récifs de l'île, autrefois en danger, poussent remarquablement bien (de 1983 à 1995, la surface de corail est passée de 68 à 77,5 pour cent). Les bénéfices directs reviennent aux pêcheurs de l'île d'Apo qui attrapent des prises plus importantes; quant à la communauté, elle bénéficie d'une augmentation de revenus grâce au tourisme.

Ce qui est personnel est politique

Olly et Suzi sont des artistes qui se sont rencontrés à Londres à l'école d'art St Martin's College of Art. Depuis dix ans, ils travaillent ensemble dans la brousse, la jungle, la toundra et les océans et sont inspirés par les animaux en voie de disparition, bien souvent mal compris et redoutés. Ils utilisent des pigments naturels et des objets trouvés tels que la sève des arbres, le jus de baie, our les mousses afin de capturer l'esprit et l'environnement de leurs sujets sur la toile.

Olly et Suzi entrent en relation avec les animaux qu'ils peignent. Les ours arctiques, les loups, les lions d'Afrique et les requins sont parmi les animaux qu'ils ont invités à rayer, mordre ou marcher sur leurs portraits. Leur projet le plus ambitieux est celui du requin blanc. Inspirés par le livre *Les Dents de la Mer* de Xavier Manguet, ils entreprirent de se confronter au prédateur. En 1997, ils se sont joints à l'équipe du White Shark Research Institute (institut de recherche sur les requins blancs) en Afrique du Sud. Protégés dans une cage et équipés de bouteilles, ils ont rencontré dans les profondeurs plus de 30 requins, et en ont peint une série de portraits en utilisant leur sang et de la gouache. C'est alors qu'ils comprirent que les requins n'attaquent pas au hasard, mais de façon sélective car ce sont des mangeurs prudents: 'Ils n'attaquèrent nos peintures que deux fois, ne mordant qu'une fois dans chacune des peintures en signe d'inspection'.

'Nous espérons qu'en partageant notre conception artistique et nos expériences, nous pouvons aider un large public à réfléchir aux problèmes vitaux que pose la défense de l'environnement marin'. Par leur travail, ils continuent à soutenir nombres d'associations caritatives pour l'éducation et la protection de la faune et la flore, renforçant ainsi l'appel et le besoin de prise de conscience pour la défense de l'environnement.

de peces recogidos en la pesca diaria y en su conjunto se han beneficiado con un incremento del ingreso debido al turismo.

Lo personal es político

Olly y Suzi se han dedicado a trabajar como un único artista desde que se conocieron en Londres, en el Colegio de Arte de St Martin, hace casi diez años. Ya sea en el monte, en la selva, en la tundra o en el océano, ellos trabajan en colaboración, inspirados especialmente por aquellos animales en peligro de extinción que han sido tradicionalmente temidos y mal entendidos. Savia de los arboles, jugo de bayas y musgo se cuentan entre los pigmentos naturales y objetos encontrados que ellos usan para capturar el espíritu de sus sujetos y plasmarlo en su medio, la tela.

Ollie y Suzi interactúan con los animales que pintan. Osos del ártico, zorros, leones africanos y tiburones por ejemplo, son todos estimulados a rascar, morder o caminar en sus retratos, pero tal vez el más ambicioso de sus proyectos, es el que involucró al gran tiburón blanco. Inspirado por el libro *Las fauces de la muerte* de Xavier Manguet, se propusieron encontrar la 'cúspide de todos los predadores' cara a cara. En 1997 se integraron al Instituto de Investigación del Tiburón Blanco en Sudáfrica que trabaja para proteger especies de su extinción. Ellos estuvieron en contacto con más de 30 tiburones y desde una jaula bajo el agua y equipados con SCUBA pintaron una serie de retratos de tiburones con sangre y acrílico. Esa fue la oportunidad de convencerse de que los tiburones no son asesinos al azar como habían creído ('ellos atacaron nuestras pinturas en dos ocasiones, tomando sólo una mordida de inspección en cada caso') sino cautelosos y selectivos en la selección de su alimento.

'Esperamos que al compartir nuestros procesos y experiencias de creación artística con una amplia audiencia, podamos ayudar a que la gente piense acerca de los temas vitales de conservación marina'. A través de su trabajo, ellos continúan apoyando muchas instituciones de caridad dedicadas a la conservación de la fauna y a fortalecer la llamada para dicha conservación.

Orientando a los gobiernos

El Dr Roger Payne, fundador del Instituto de Conservación de la Ballena, ha dedicado su vida al estudio y conservación de la ballena. Junto con su pequeño equipo científico está trabajando para

whales. He and his small team of scientists are working to tackle the pernicious problem of synthetic contaminants (like PCBs and other organohalogens) that have entered the global food chain. Sailing in the WCI vessel *Odyssey*, they will use whales, albatrosses, and predatory fish as indicator species to measure the health of the seas. Whales have taken on a role similar to that of canaries in coal mines – if whales are becoming increasingly debilitated by oceanic pollution so, soon enough, will man.

In contrast to a strict scientific approach, many environmental organisations work directly with local communities. An example is the Yadfon (Rainbow) Association which works with fishermen in Thailand to help them manage their coastal resources.

At a global and political level, the United Nations Environment Programme brings together governments to develop sustainable management plans for marine ecosystems. Among the many intitiatives they promote, the Regional Seas Programme has been established to manage marine resources sustainably and to control pollution.

The sophistication of the techniques we use to take more out of the ocean must be balanced by an understanding of how much the ocean can provide, of the frailty behind its mighty force. In our fast-changing world we must work hard to hold in check the harm we do. The ocean is life – our life – and we must all play our part in its survival.

Viser les gouvernements

Le Docteur Roger Payne, qui consacre sa vie à la protection de baleines, a fondé de l'Institut pour la Protection des Baleines. Avec une petite équipe de scientifiques, il travaille à combattre le problème pernicieux des polluants chimiques, comme les PCBs et les halogènes organiques qui sont entrés dans la chaîne alimentaire mondiale. Parcourant les mers sur le WCI *Odysée*, ils utilisent les baleines, les albatros et les poissons prédateurs comme indicateurs de la santé des mers. Les baleines jouent le même rôle que les canaries dans les mines de charbon – si les baleines deviennent de plus en plus fragiles à cause de la pollution des mers, ce sera bientôt le cas pour les hommes.

Nombre d'organisations travaillent en relation avec les populations locales plutôt que d'envisager une approche strictement scientifique. L'association Yadfon (Arc de ciel) travaille avec les communautés de pêcheurs en Thaïlande et les aident à gérer leurs ressources littorales.

Sur le plan politique et mondial, le Program-me pour l'Environnement des Nations-Unies a pour but de coordonner les gouvernements afin de mettre en place des projets pour le renouvellement des écosystèmes marins. Parmi les nombreuses initiatives qu'ils encouragent, le Programme Régional des Mers a été mis en place afin de gérer les ressources marines de façon viable et de contrôler la pollution marine.

L'utilisation de techniques très sophistiquées pour puiser toujours plus dans l'océan doit être envisagée avec une meilleure compréhension de ce que l'océan nous apporte et de la fragilité cachées derrière cette force. Dans un monde qui change toujours plus vite, il nous faut travailler sans répit pour s'assurer de ne pas prendre du retard sur le mal que nous causons. L'océan, c'est la vie, notre vie, et nous avons tous un rôle à jouer pour assurer sa survie.

deep water

atacar el funesto problema de los contaminantes sintéticos (PCBS y otros halógenos orgánicos) que han entrado en la cadena global de alimentación. Navegando en su barco Odisea seleccionan ballenas, albatros y peces predadores como especies indicadoras de la salud de los océanos. Las ballenas están jugando un papel similar al que jugaron los canarios en las minas de carbón. Si las ballenas se debilitan progresivamente debido a la contaminación oceánica, así también sucederá con la especie humana.

A diferencia del enfoque científico, muchas organizaciones ambientales trabajan directamente con las comunidades locales. Un ejemplo es el de la sociedad Yadfon (Arcoiris) que trabaja con los pescadores de Tailandia aconsejándolos en la administración de sus recursos costeros.

A un nivel político global, el Programa de Medio Ambiente de Naciones Unidas, reúne a los gobiernos para elaborar planes de administración de desarrollo sostenible de ecosistemas marinos. Entre las muchas iniciativas que ellos promueven está la del Programa de Mares Regionales, que se estableció para la administración de recursos marinos sostenibles y el control de la contaminación.

La sofisticación de las técnicas que usamos para sacar más de los océanos debe ser compensada por un mejor entendimiento de lo que los océanos pueden proveer, o de la fragilidad detrás de su poderío. En el mundo rápidamente cambiante de hoy, debemos trabajar muy duro para limitar el daño que causamos. El océano es vida – nuestra vida – y todos jugamos un papel en su supervivencia.

listings

addresses

some individuals and organisations who work to protect marine life

Robin des Bois
15 rue Ferdinand Duval
75004 Paris
France
Tel: +33 (0)1 48040936

Pablina Cadiz and Bruna Abrenica
(Apo Island)
Marine Laboratory
Silliman University
Dumaguete City
6200 Philippines
Tel: +63 35 2252500/4608
E-mail: mlsucrm@mozcom.com

Cecilia Cherrez
Acción Ecologica
Alejandro de Valdez #24–33 y
Avenida La Gasca
Casilla 17-15-246-C
Quito
Ecuador S.A.
Tel: +5932 230676
Fax: +5932 547516
E-mail: cmanglar@hoy.net

Co-ordination Office of the Global
Programme of Action (GPA) for the
Protection of the Marine Environment
for Land-based Activities
PO Box 16227
2500 BE
The Hague
The Netherlands
Tel: +31 70 3114460/462
Fax: +31 70 3556648
E-mail: gpa@unep.nl

Coral Cay Conservation Ltd
154 Clapham Park Road
London SW4 7DE
UK
Tel: +44 (0)171 498 6248

The Coral Reef Alliance (CORAL)
64 Shattock Square, Suite 220
Berkeley
CA 94704
USA
Tel: +1 510 8480110
Fax: +1 510 8483720

The Cousteau Society
870 Greenbrier Circle, Suite 402
Chesapeake
VA 23320
USA
Tel: +1 757 523 9335
Fax: +1 757 523 2747
E-mail: cousteau@infi.net
Web: www.cousteau.org

Earth Island Institute
(to conserve and protect the world's
biodiversity)
300 Broadway, Suite 28
San Francisco
CA 94133
USA
Tel: +1 415 7883666
Web: www.life.uiuc.edu/
hughes.researchopps/
programs/EarthIsland.html

Earthtrust International (focuses on
whales, dolphins, driftnetting)
25 Kaneohe Bay Drive, Suite 205
Kailua
Hawaii
HI 96734
USA
Tel: +1 808 2542866
Fax: +1 808 2546409
Web: www.earthtrust.org

Mrs Habiba Al Marashi
Emirates Environmental Group
PO Box 7013
Dubai
UAE
Tel: +971 2 6064245

Environmental Investigation Agency
69–85 Old Street
London EC1V 9HX
UK
Tel: +44 (0)171 490 7040
Fax: +44 (0)171 4900 0436
E-mail: eiauk@gn.apc.org
Web: www.pair.com/eia/

The European Elasmobranch
Association/The Shark Trust
36 Kingfisher Court
Hambridge Road
Newbury
Berkshire RG14 5SJ
UK
Tel: +44 (0)1635 550380
E-mail: shark@naturebureau.co.uk

Fondation Brigitte Bardot
45 rue Vineuse
75116 Paris
France
Tel: +33 (0)45051460
Fax: +33 (0)45051480

Forum for the Future
9 Imperial Square
Cheltenham
Gloucester GL50 1QB
Tel: +44 (0)1242 262729
Fax: +44 (0)1242 262757

Lider Gongora
Fundecol
Avenida América 4100 y Abelardo
Moncayo
Quito
Ecuador
E-mail: fundecol@ecuanex.net.ec

Global Reef Alliance
324 Bedford Road
Chappaqua NY 10514
USA
Tel: +1 914 2388788
Fax: +1 914 2388768
E-mail: goreau@bestweb.net
Web: www.fas.harvard.edu/~goreau

Global Ocean
11 Chalcot Road
London NW1 8LH
UK
Tel/fax: +44 171 736 9244
E-mail: director@globalocean.co.uk
Web: www.globalocean.co.uk

Eva Hernandez
  Greenpeace Spain
  Rodriguez, San Pedro, 58–4
  28015 Madrid
  Spain
  Tel: +34 91 444 14 00
  Fax: +34 609 24 30 01
  E-mail:
  Eva.Hernandez@diala.greenpeace.org

Green Volunteers Work Guide
  E-mail: greenvol@iol.it
  Web: www.greenvol.com

Grupo de los Cien Internacional
(Group 100)
  Sierra de Jiutepec, no.155-B
  Col. Lomas de Barrilco
  11010 México, D. F.
  E-mail: grupo100@laneta.apc.org

HEPCA
  PO Box 144
  Hurghada
  Red Sea
  Egypt

Emiko Horimoto
  1372–4 Kawaguchi-machi
  Hachioji-shi
  Tokyo 193–0801
  Japan
  Tel: +81 (0)426 540182
  E-mail: kw.art-office@
  tokyo.email.ne.jp

International Cetacean Education
Research Centre (ICERC)
  3–37–12, Nishihara
  Shibuya-ku
  Tokyo 151
  Japan
  Tel: +81 3 54530601
  E-mail: ecercjapan@t3.rim.or.jp

International Society for Mangrove
Ecosystems (ISME; promoting mangrove
conservation)
  Dr Shigeyuki Baba
  ISME Secretariat
  c/o College of Agriculture, University
  of the Ryukyus
  Nishihara
  Okinawa 903–0129
  Japan
  Tel: +81 988956601
  Fax: +81 988956602
  E-mail: mangrove@ii-okinawa.ne.jp

IUCN – The World Conservation Union
  Rue Mauverney, 28
  CH–1196 Gland
  Switzerland
  Tel: +41 22 999 0001
  Fax: +41 22 999 0002

Marine Conservation Society
  9 Gloucester Road
  Ross-on-Wye
  Herefordshire
  HR9 5BU
  UK
  Tel: +44 (0)1989 566017
  E-mail: mcsuk@mcmail.com
  Web: www.mcsuk.mcmail.com

The National Aquatic Resources and
Research Development Agency
  Crow Island
  Nattakkullyn
  Colombo 15
  Sri Lanka

Niger Delta Enviromental Survey (NDES;
working towards a sustainable develop-
ment plan)
  NAL Towers, 8th Floor
  20 Marina
  Lagos Island
  PO Box 56299
  Falomo-Ikoyi
  Lagos
  Nigeria
  Tel: +234 (0)1 264 6628
  Fax: +234 (0)1 264 6497

The Nature Conservation Bureau
  36 Kingfisher Court
  Hambridge Road
  Newbury
  Berkshire
  RG14 5SJ
  UK
  Tel: +44 (0)1635 550380
  E-mail: 100347.1526@
  compuserve.com

Ocean Mammal Institute (noise pollu-
tion – low frequency active sonar)
  PO Box 14422
  Reading
  PA 19610
  USA
  Web: www.oceanmammalinst.org

Olly and Suzi
  6 Acton Place
  Vicarage Road
  Yalding
  Kent
  ME18 6DN
  UK
  E-mail: ollysuzi.com
  Web: www.ollysuzi.com

The Ocean Alliance/Whale
Conservation Institute
(working on the problem of pollutants)
  191 Weston Road
  Lincoln
  MA 01773
  USA
  Tel: +1 781 2590423
  Tel: +1 800 96-WHALE
  Fax: +1 781 2590288
  E-mail: question@oceanalliance.org
  Web: http://oceanalliance.org

PADI Project AWARE
  Unit 7, St Philips Central
  Albert Road
  St Philips
  Bristol
  BS2 0PD
  UK
  Tel: +44 (0)117 3007308
  Fax: +44 (0)117 9710400
  E-mail: team@padi.co.uk

Polar Ventures Limited
  (ship for NGOs and clean-up in
  Antarctica)
  Blyth House
  Bridge Street
  Halesworth
  Suffolk
  IP19 8AB
  Tel: +44 (0)1986 875098
  Fax: +44 (0)1986 874196
  E-mail: wilks@btinternet.com

Proyecto Ambiental Tenerife
  Calle Jose Antonio, 13
  Arafo
  Tenerife
  Spain
  Tel/fax: +34 922510535
  or c/o 59 St Martin's Lane
  London
  WC2H 9DG
  UK
  Tel: +44 (0)171 240 6604
  Fax: +44 (0)171 240 5795

The Robert Swan Foundation
  (conservation of Antarctica)
  PO Box 14161
  London
  SW11 3ZW
  UK
  Tel: +44 (0)171 924 3454
  Fax: +44 (0)171 924 3234
  E-mail: osb@dircon.co.uk
  Web: www.onestep.to/antarctica

Royal Society for the Protection of Birds
  The Lodge
  Sandy
  Bedfordshire SG19 2DL
  UK
  Tel: +44 (0)767 680551
  Fax: +44 (0)767 692365
  E-mail: bird@rspb.demon.co.uk
  Web: www.rspb.org.uk

Sea Shepherd Conservation Society
  PO Box 628
  Venice
  CA 90294
  USA
  Tel: +1 310 3017325
  Tel: +1 310 5743161
  Web: www.seashepherd.org

SeaWeb (provides data on ocean issues)
  1731 Connecticut Avenue, NW
  4th Floor
  Washington
  DC 20009
  Tel: +1 202 4839570
  Fax: +1 202 4839354
  E-mail: seaweb@seaweb.org
  Web: www.seaweb.org

Sierra Club
  85 Second Street
  San Francisco
  CA 94105
  USA
  Tel: +1 415 9775500
  Fax: +1 415 9775799
  Web: www.sierraclub.org

Surfers Against Sewage UK
  2 Rural Workshops
  Wheal Kitty
  St Agnes
  Cornwall
  TR5 0RD
  UK
  Tel: +44 (0)1872 553001
  Fax: +44 (0)1872 552615

Surfrider Foundation Japan
  910–7 Hiroba Kamogawa Chiba
  Japan 296
  Tel/Fax: +81 4709 3 5302

The Humane Society of the US
  2100 L Street NW
  Washington
  DC 20037
  USA
  Tel: +1 202 4521100
  Fax: +1 301 2583077
  Web: www.hsus.org

Whales Alive (promotes whale-watching
in vulnerable areas)
  c/o Earth Island Institute
  25 Kaneohe Bay Drive, Suite 205
  Kailua
  Hawaii
  HI 96734
  USA
  Tel: +1 808 2542866
  Fax: +1 808 2546409
  E-mail: whalesalive@igc.apc.org

Whales Alive Australia
  PO Box 5090
  Middle Park
  Victoria 3206
  Tel: +61 3 96992637
  E-mail: mickmcIntyre@
  compuserve.com

The Wildlife and Environment Society
of South Africa
  National Office
  PO Box 394
  Howick 3290
  South Africa
  Tel: +27 (0)333 303931
  Web: www.wildlifesociety.org.za

WWF France
  151 Boulevard de la Reine
  78000 Versailles
  France
  Tel: +33 1 39242424

Yadfon Association
(working with local fishing communities
to improve resource management)
  16/4 Rakschan Road
  Tambon Tabtieng
  Amphur Muang
  Trang 9200
  Thailand
  Tel: +66 75 219737/214707
  Fax: +66 75 219327
  E-mail: www: yadfon@loxinfo.co.th

acknowledgements

thank you to all the people whose generosity has made this book possible

Bruna Abrenica of Silliman University in the Philippines
Dave Adeane
Dr Tundi Agardy
Colin Allchin of CEFAS
Lei Andrade of the Hawaii Naniloa Resort
Heather Angel of Biofotos
Dr Martin Angel
Catherine Ashcroft of UNEP
David Bellamy
Ed Bentham of Huron University
Jane Bird of The Stock Market
Robbie Bisset of UNEP
Natasha brown of IMO
Stan and Carol Butler of Whales Alive
Pablina Cadiz of Silliman University
Laurie Campbell
Sally Ann Campbell of Robert Harding Picture Library
Lupe Castro of Atlantida Travel Limited
Bryony Chapman
Dr Paul Cornelius of the Natural History Museum
Claudia Cramoisan
Dr Oliver Crinnon of the Natural History Museum
Matt Crowther of Ocean Optics
Professor Alastair Couper
Sean Das of Project AWARE, PADI International Limited
Richard Dawson of Diving Diseases Research Centre
Isobelle Delafosse of Jeff Rotman Photography
Dr Roy Dilley of St Andrews University
Halifa Drammeh of UNEP
Euan Dunn of the Royal Society for the Protection of Birds (RSPB)
Dr Sylvia Earle
Linley Earnshaw of Hedgehog House New Zealand
Kristen Ebessen of UNEP
Mark Edwards of Still Pictures
Barbara Evans of Whale Conservation Institute
Dr Dave Fletcher of the University of Bangor
Dan Fornari
Thomas Forstenzer of UNESCO
Sarah Fowler of The Nature Conservation Bureau Limited

Blains Art Gallery
Vicky Garner of Surfers Against Sewage
Dr David George of the Natural History Museum
Dr Tom Goreau, President of the Global Coral Reef Alliance
Clare Gunn of Bruce Coleman UK
J Harger of the Intergovernmental Oceanographic Commission at UNESCO
Richard Harrington of the Marine Conservation Society
Hawaii Naniloa Resort
Mandy Haywood of the IUCN
Dr Peter Herring
Richard Herrmann
Emiko Horimoto
Dr Heather Hall of London Zoo
Jack Jackson
Dr Ian Joint
Burt Jones of Secret Sea Visions
Tony Karacsonyi of Tony Karacsonyi Photography
Paul Kay RGS-IBG
J Michael Kelly of Mike Kelly Photography
Iain Kerr of The Whale Conservation Institute
Margaret Kindred
Jason Lancy of RSPB Images
Juliet Larcombe of Shoals of Capricorn Project, The Royal Geographical Society
Ian Lauder of Cybersea Pictures
Sir Anthony Laughton
Shelley Lauzon
Richard Lohr
Richard Lutz of Rutgers, the State University of New Jersey
Piccia Neri
Dr Nicholaas Michiels
Nicole Milius of Bruce Coleman NY
Ryo Mogi of Laid Back Corporation
Robert Oates of the Royal Society for the Protection of Birds
Jason Olive
Colin Orchin of MAFF
Dr Tom Parker
Dr Roger Payne, Whale Conservation Institute
Clare Perry of Environmental Investigation Agency

Johane Persson of CDP
Katie Petrie
Linda Pitkin
Ben Rawlinson-Plant
Dr Nicholas Polunin
Naomi Poulton of UNEP
Dr Monty Priede
Peter Raines of Coral Cay Conservation
John Ramsey of Frontier
Danielle Reiber
Catherine Reinaud
Carla Robinson of Sea Shepherd Conservation Society
Dr Alex Rogers
Jeff Rotman of Jeff Rotman Photography
John Salmon
Dawn Schlutz of Jeff Foott Productions
Sue Scott
Phil Sharkey of Norbert Wu Photography
Maurine Shimlock of Secret Sea Visions
Don de Silva of YADFON
Mark Simmonds
Ben Smith of Tony Stone Images
Professor Craig Smith
Windland Smith of Jeff Foott Productions
Lucy Southwood
Mike Sutton
Robert Swan of The Robert Swan Foundation
Larry Tackett
Pam Talbot of Southampton Oceanography Centre
Professor Paul Tyler
Masuo Ueda of Surfrider Foundation Japan
Mr Ullstein at Banson
Dr Andrew Watson
Dr Ian Watts of Shoals of Capricorn Project at the Royal Geographical Society
Greg Williams
Olly Williams
Suzie Winstanley
Shonagh Withey
Dr Elizabeth Wood
Lawson Wood
Norbert Wu

contact details for images used in deep water

Heather Angel
Biofotos
Highways
6 Vicarage Hill
Farnham
Surrey GU9 8HJ
UK
Tel: +44 (0)1252 716700

Laurie Campbell
Rosewell Cottage
Paxton
Berwick-upon-Tweed
TD15 1TE
UK
Tel: +44 (0)1289 386736

Bruce Coleman UK
16 Chiltern Business Village
Arundel Road
Uxbridge
Middlesex UB8 2SN
UK
Tel: +44 (0)1895 257094
Web: www.brucecoleman.co.uk

Bruce Coleman New York
15 East 36th Street
New York
NY 10016
USA
Tel: +1 212 9796252

Oxford Scientific Films Ltd
Lower Road
Long Hanborough
Oxford
OX8 8LL
UK
Tel: +44 (0)1993 881881
E-mail: OSF-LTD@compuserve.com

Richard Herrmann
12545 Mustang Drive
Poway
California 92064
USA
Tel: +1 619 6797017

Hedgehog House N.Z.
7A Gwynfa Avenue
Cashmere
Christchurch
New Zealand
Tel: +64 3 3328790
E-mail: hedgehog.house.@
net.access.co.nz

Tony Stone Images
Getty Images Limited
101 Bayham Street
London
WC1N 3DA
UK
Tel: +44 (0)171 544 3333
Web: www.getty.images.com

Jack Jackson
25 Fenwick Close
Goldsmith Park
Woking
Surrey GU21 3BY
UK
Tel: +44 (0)1483 723900
E-mail: Jack.Jackson@dial.pipex.com

Robert Harding Picture Library
58–59 Great Marlborough Street
London
W1V 1DD
UK
Tel: +44 (0)171 478 4000

Still Life
199 Shooters Hill Road
London
SE3 8UL
UK
Tel: +44 (0)181 858 8307
E-mail:
stillpictures@stillpic.demon.co.uk

The Stock Market
20 Conduit Street
London
W2 1HZ
UK
Tel: +44 (0)171 262 0101
Web: www.tsmphoto.com

NASA
Washington
DC 20546
USA
Tel: +1 202 3584333

Tony Karacsonyi Photography
PO Box 407
Ulladulla
New South Wales 2539
Australia
Tel: +61 2 44 554552
E-mail: tonyk@shoal.net.au

Jeff Rotman Images
1 Essex Street
Somerville
MA 02145
USA
Tel: +1 617 6660874
Fax: +1 617 66664811
E-mail: jeffrotman@aol.com

Norbert Wu Wildlife Photography
1065 Sinex Avenue
Pacific Grove
CA 93950
USA
Tel: +1 408 3754448
E-mail:
NorbertWu@compuserve.com

Topham Picturepoint
PO Box 33 Edenbridge
Kent TN8 5PB
UK
Tel: +44 (0)1342 850313

Planet Earth Pictures
The Innovation Centre
225 Marsh Wall
London
E14 9FX
UK
Tel: +44 (0)171 293 2999

Minden Pictures
24 Seascape Village
Aptos
CA 95003
USA
Tel: +1 408 6851911

Linda Pitkin
  The Natural History Museum
  Cromwell Road
  London
  SW7 5BD
  UK
  Tel: +44 (0)171 938 9123

Jeff Foott Productions
  PO Box 2167
  545 S. Willow
  Jackson
  WY 83001
  USA
  Tel: +1 307 7399383
  E-mail: jfoott@blissnet.com

Sue Scott
  Strome House
  North Strome
  Lochcarron
  Ross-shire IV54 8YJ
  UK
  Tel: +44 (0)1520 722588

Professor Craig Smith
  Department of Oceanography
  University of Hawaii Manoa
  1000 Pope Road
  Honolulu
  HI 96822
  USA
  Tel: +1 808 9567633
  E-mail: crsmith@soest.hawaii.edu

Professor Tyler
  Department of Oceanography
  Southampton Oceanography Centre
  European Way
  Southampton
  SO14 3ZH
  UK
  Tel: +44 (0)1703 594785

Secret Sea Visions
  Burt Jones and Maurine Shimlock
  PO Box 162931
  Austin
  Texas 78716
  USA
  Tel: +1 512 3281201
  E-mail: info@secretsea.com

Greg Williams
  Growbag
  18 Vine Hill
  London
  EC1R 5DX
  UK
  Tel: +44 (0)171 278 2427
  Web: www.growbag.com

Lawson Wood
  1 The Clouds
  Duns
  Berwickshire TD11 3BB
  UK
  Tel: +44 (0)1361 882628

The Wood's Hole Oceanographic
Institute
  The News and Information Offices
  93 Water Street
  Falmouth
  WO 02543
  USA
  Tel: +1 508 2892270
  Fax: +1 508 4572180
  Web: www.whoi.edu

picture credits

cover Hedgehog House/Skip Novak; page 2 Tony Stone; page 8 Still/Keith Kent; page 10 Still/Jose Kalpers; page 11 Planet Earth/Allan Parker; page 12 Still/Julio Etchart; page 13 Still/Dera; page 14 Still/Doug Cheeseman; page 14 Wu; page 15 Nasa; pages 16, 17 Planet Earth; page 18 Still/Fred Bavendam, Bruce Coleman UK/Charles and Sandra Hood; page 19 Wu/James Watt; page 20 Wu; page 22 Jeffrey L Rotman; page 23 Jack Jackson; page 24 Wu/Parks (1,2+3); page 25 Wu/Peter Parks; page 26 Angel (1+3), Wu/Peter Parks; page 27 Wu/Peter Parks; page 28, 29 Angel; page 30 Planet Earth/ J B Duncan, Robert Harding/L Murray, Angel; page 31 Secret Sea Visions; page 32 Wu/Mark Conlin, Minden/Flip Nicklin, Still/Thomas Mangelsen; page 33 Planet Earth/Bryan and Cherry Alexander; page 34 Linda Pitkin, Planet Earth/Gary Bell; page 35 Oxford Scientific Films/Len Zell; page 36 Angel, Pitkin, Wu/Peter Parks; page 37 Bruce Coleman UK/Andrew Purcell; page 38 Herrmann, Wu/Howarth, Bruce Coleman UK/Mark Cowardine; page 39 Secret Sea Visions; page 40 Robert Harding, Linda Pitkin, Jeffrey L Rotman; page 41 Robert Harding; page 42 Campbell (1+2), Angel; page 43 Still/Bob Evans; page 45 Tony Stone/ JR, Jeffrey L Rotman, Karacsonyi, Wu/Conlin, Karacsonyi, Secret Sea Visions, Secret Sea Visions, Wu, Secret Sea Visions, Planet Earth,Wu/Cropp, Secret Sea Visions, Karacsonyi, Robert Harding/Louise Murray, Angel/Herring, Angel, Planet Earth/Gary Bell, Still/Wu, Jack Jackson, Wu/Peter Parks; page 46 Still/Anne Piantanida, Still/Robert Henno, Still/Fred Bruemmer; page 47 Robert Harding; page 48 Topham/ Jeff Foott, Angel, Topham; page 49 Planet Earth/Hugh Yorkston; page 50 Still/Kong-A-Siou Max-UNEP, Bruce Coleman NY/Fritz Polking; page 51 Topham; page 52 Angel; page 53 Tony Stone/Jeff Rotman; page 54 Wu, Wu/Brandon Cole; page 55 Oxford Scientific Films/Tony Crabtree; page 56 Wu; page 57 Still/Wu; page 58 Bruce Coleman NY, Jeff Rotman (2+3); page 59 Wu; page 60 Wu, Professor Smith; page 61 Planet Earth/Doug Perrine; page 62 Still/Fred Bavendam, Angel; page 63 Topham; page 64 Wu; page 65 Planet Earth/Peter David; page 66 Angel, Wu; page 67 Robert Harding/Global Pictures; page 68 Herrmann, Jack Jackson, Jeffrey L Rotman; page 69 Dr Michiels; page 70 Jack Jackson, Wu, Herrmann; page 71 Tony Stone/Marc Chamberlain; page 72 Still/A Keratitch, Jeffrey L Rotman, Tony Stone/Marc Chamberlain; page 73 Secret Sea Visions; page 74 Secret Sea Visions, Planet Earth/Ken Lucas, Planet Earth/Pete Atkinson; page 75 Jeffrey L Rotman; page 76 Wu; page 77 Pitkin; page 78 Planet Earth/Howard Hall, Wu; page 79 Herrmann; page 80/81 Lawson Wood, Secret Sea Visions, Sue Scott, Still/Wu, Bruce Coleman NY/Sefton, Jeffrey L Rotman (2), Linda Pitkin (2); page 82 Still/Alain Endewelt, Laurie Campbell; page 83 Still/B Stein; page 84 Bruce Coleman NY/M P L Fogden, Planet Earth/David Maitland, Robert Harding; page 85 Still/Fredy Mercay; page 86 Still/Dylan Garcia, Laurie Cambell, Still/Boonjarus-UNEP; page 87 Angel; page 88 Topham; page 90 Minden/Tui de Roy; Jeffrey L Rotman; page 91 Tony Stone/Ben Osborne; page 92 Sue Scott, Wu/Bob Cranston; page 93 Oxford Scientific Films/Kim Westerskov; page 94 Minden/Frans Lanting, Tony Stone/David Hiser, Topham/M. Rauzon; page 95 Still/ Paul Glendell; page 97 Tony Stone/Art Wolfe; page 98 Angel; page 99 Still/Kevin Schafer; page 101 Nasa; page 102 Tony Stone/George Lepp; page 104 Robert Harding/Nedra Westwater; page 105 Topham/Greg Ochocki, Topham/Ivo Demi; page 106 Stock Market; page 107 Still/Marilyn Kazmers; page 109 Surfers Against Sewage, Karacsonyi,Tony Stone/Warren Bolster, PADI Intl.; page 110 Still; page 111 Tony Stone/Jeff Britnell; page 112 Wu; page 113 Wu; page 114 Blains Fine Art; page 115 Greg Williams of Growbag; page 116 Tony Stone; page 117 Tony Stone/Tim Davis; page 118–119 Tony Stone/Stuart Westmorland; Horimoto painting

deep water

Living Earth has asserted its right to be
identified as the author of this book

French translation by
Armelle Tardiveau
Spanish translation by
Cristina Castillo
Designed by Jonathan Moberly
Image processing by
Heike Löwenstein

Published by
●●●ellipsis
2 Rufus Street
London
N1 6PE
www.ellipsis.com

A CIP record for this book is
available from the British Library

ISBN 1 899858 79 2

Reproduction by Scanhouse UK Limited
Printed in Hong Kong

●●●ellipsis is a trademark of ellipsis
london limited